U0811533

猫咪是猫咪，这已经让人感觉幸福

Friandises Philosophiques

[法] 爱美拉　著绘　孙小凡　译

人民东方出版传媒
People's Oriental Publishing & Media
東方出版社
The Oriental Press

推荐序

刚戴上智能手表时，我最感兴趣的是它的情绪反应检测功能。最初几个小时里我频频查看，但在自认为有比较强烈的情感反应时，手表却仍然显示心情为“平静”，于是越发想知道自己的“不愉悦”和“愉悦”的心情将在什么情况下产生。手表第一次显示心情愉悦是在我回到家后，家里一只名叫“星星”的猫在阳光柔和的院子里打滚撒欢，还不时过来蹭蹭我的腿以示“欢迎你打猎平安归来”。“实际上，哪怕只是看着某个幸福快乐的人，我们也会感到幸福快乐。”（本书第105页）

星星是在四五个月大的时候被收养的流浪猫，当时因为神经系统问题它几近瘫痪，送到医院抢救回来后便留下了肢体行动障碍；一年后它得了猫瘟，住了一个月的院；又一年后它去做巨结肠手术，住了一个月的院；再一年后它得了猫传腹，住了一个月的院。作为与它朝夕相处的人，我能看出它日常的行动不便，生病时的虚弱痛苦，但病愈后却完全看不到它的心理障碍，它不觉得自己跟别的猫不同，不觉得自身是受到了巨大限制的，或曰是命运不幸的。“猫咪是猫咪，这已经让人感觉幸福。”

Friandises
Philosophiques

在生命的多样性、生活的复杂性和快乐幸福感的主观性之外，是否存在一条“幸福之路”，即心理学家和相关学者们孜孜以求的幸福密码？我对此有所怀疑，但我相当确定的是，每个人都会因为肉体或精神的痛苦而挣扎，但是不要紧，这不是问题，我们甚至应该感谢自己拥有这个受限的肉体、受限的生活，因为别具一格的受限，我和你才活成独一无二的个体并进而具有了意义。那么，“你认为一切都是命中注定，还是相信命运掌握在自己手中？”（本书第1页）

但假如你的生命受限，那才是真正的问题。

有可能限制我们生命成长的精神威胁是什么？有可能帮助我们生命突围的心理力量又是什么？假如再有人向我提出这样的问题，我会向他推荐这本书。在我看来，本书用一种极具张力的呈现聚焦回答了这个问题，并且，对一个老问题，给出了新回答。简洁稚拙的画面，映射出我们对熟悉的生活场景可以作新诠释，一念一世界；浅白素朴的语言，暗示着生活的宏旨要义可以大道至简。猫咪是猫咪，这已经让人感觉幸福了。

黄菡

2025年1月10日

目录

命运和自由意志

你认为一切都是命中注定，还是相信命运掌握在自己手中？
怎么突然问我这个问题？

小菲跟我说，人要掌控自己的人生。我觉得她说得有道理……

不过，如果一切早已命中注定，
那么努力又有什么意义呢？
哈哈，
原来如此！

根据物理学家菲利普·吉勒芒的
观点，命运是预先存在的，同时，
自由意志也在运作！
啊？如果命运已经事先写好，
你又如何掌控它呢？

事实上，时间是不存在的！

至少不是我们所知道的那样！

听说佛教中有句禅语：
“活在当下。”
意思是只有当下存在。

还有别的说法……
过去、现在和未来同时存在！

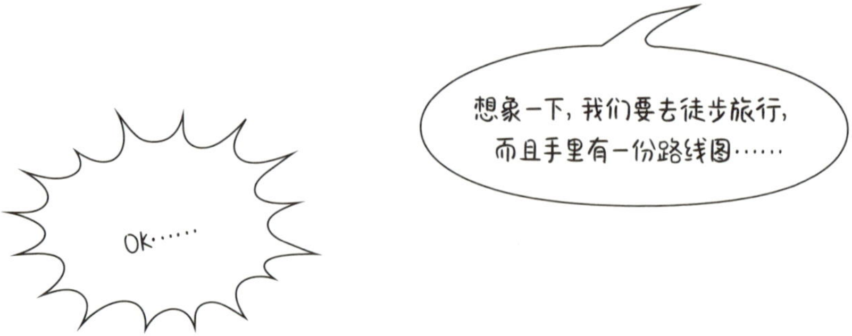

已经走过的路依然在你身后存在，这并不会让你惊讶。
同样地，虽然你从来没爬过，但是那座山早已在那里，
这也不会让你觉得有什么不妥。

确实不会。
这都很正常。
所谓“时间”也是一样：过去(你走过的路)、当下（你所在的地方）、未来（计划去的地方）是同时存在的……

嗯……
所以我的路线图早已画好，
我的命运也早有预设……
并非如此。因为你随时
都可以换另一条路……
目的地
A
B
C
D
其他可行路线
所有可能性，
均已存在……
而且，同时存在！
A
B
即使地图上暂时
没有你想走的路线，
你也可以自己
去探索出来。
哇……不过，有时候我们
也会迷路吧？

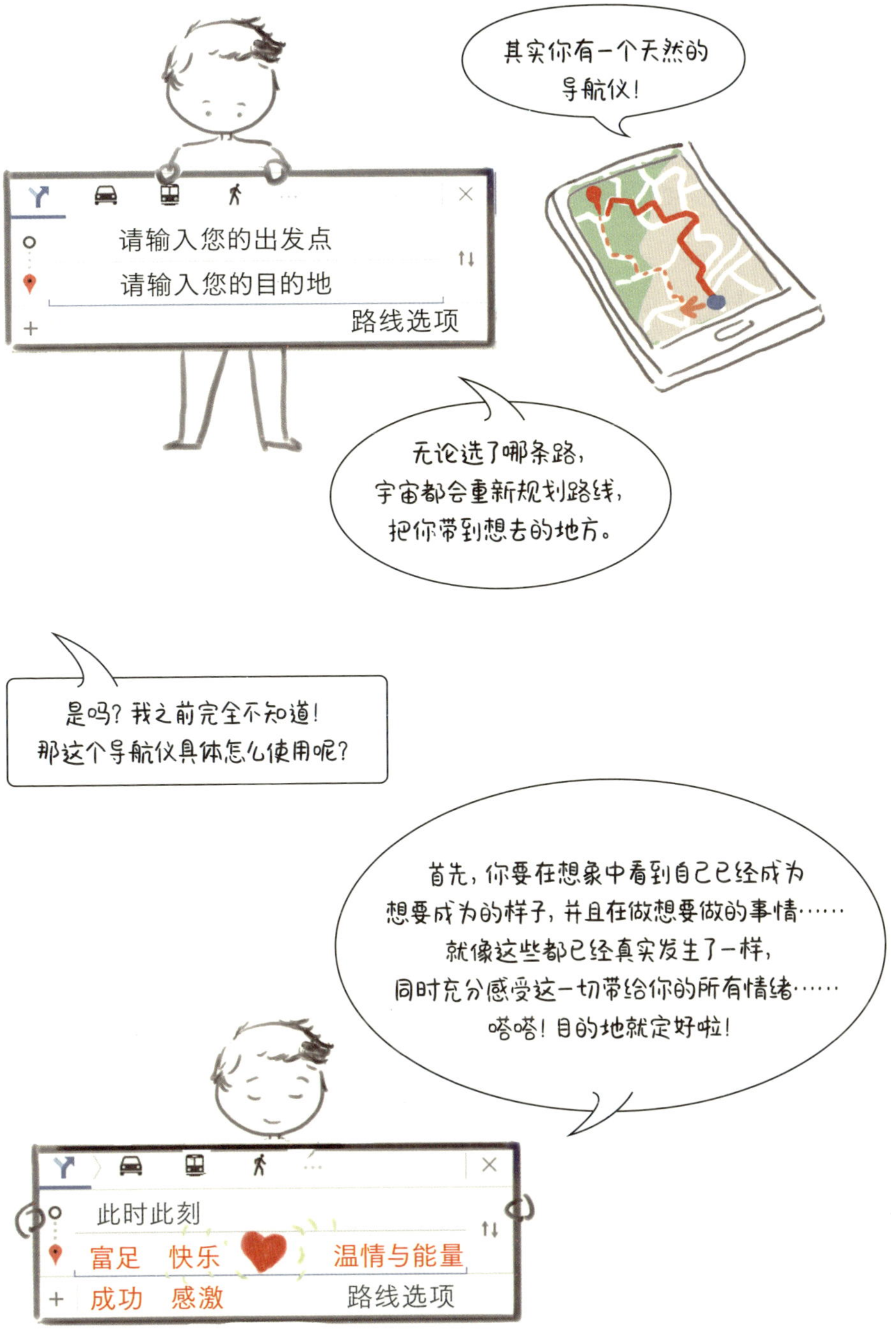
请输入您的出发点
请输入您的目的地
路线选项
其实你有一个天然的导航仪！
无论选了哪条路，宇宙都会重新规划路线，把你带到想去的地方。
是吗？我之前完全不知道！那这个导航仪具体怎么使用呢？
首先，你要在想象中看到自己已经成为想要成为的样子，并且在做想要做的事情……就像这些都已经真实发生了一样，同时充分感受这一切带给你的所有情绪……嗒嗒！目的地就定好啦！
此时此刻
富足　快乐　温情与能量
成功　感激
路线选项

呃，不过我还没怎么想好要输入什么样的目的地……
在这种情况下，你可以靠内心的指南针来导航！

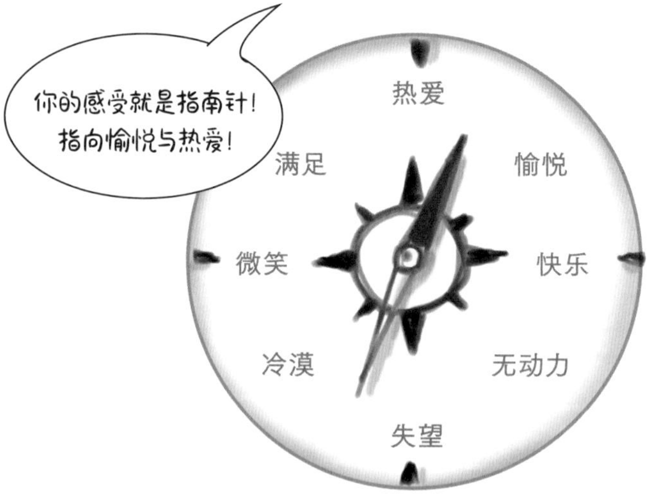
你的感受就是指南针！指向愉悦与热爱！
热爱
愉悦
快乐
无动力
失望
冷漠
微笑
满足

希望你已经在自己的导航仪中输入了美妙的目的地，
祝你找到愉悦与热爱！

* 灵感来源：《时间之路》一书的作者、物理学家菲利普·吉勒芒的演讲。

Art-mella

情绪只是一个信号

为了让自己尽快振作起来，我参加过神经语言程序学(NLP)*一项名为“被压垮还是重新振作”的挑战。你听说过这个挑战吗？

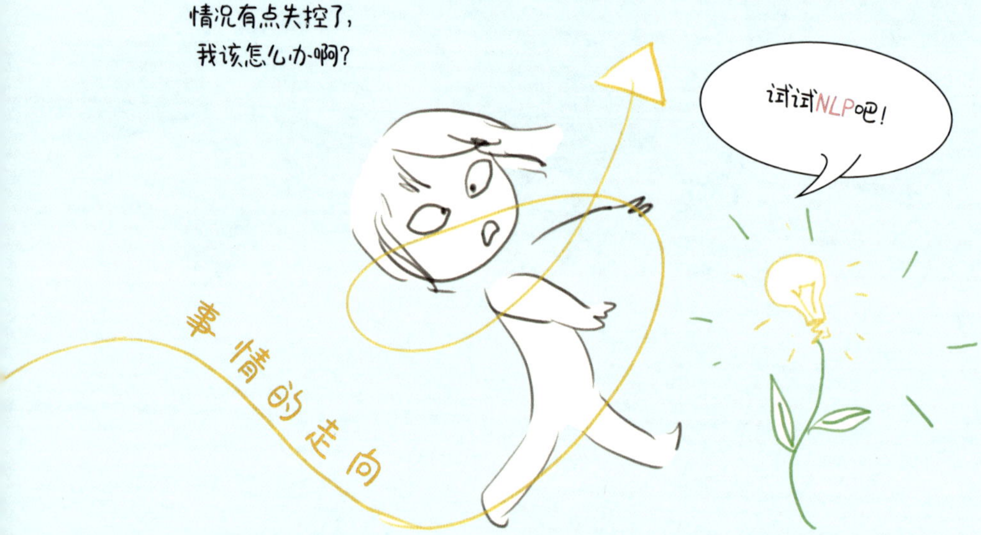

* NLP
（神经语言程序学，Neuro-Linguistic Programming）
一套规划神经过程、语言和行为模式的工具。

NLP的原理是这样的，
我觉得很有趣：

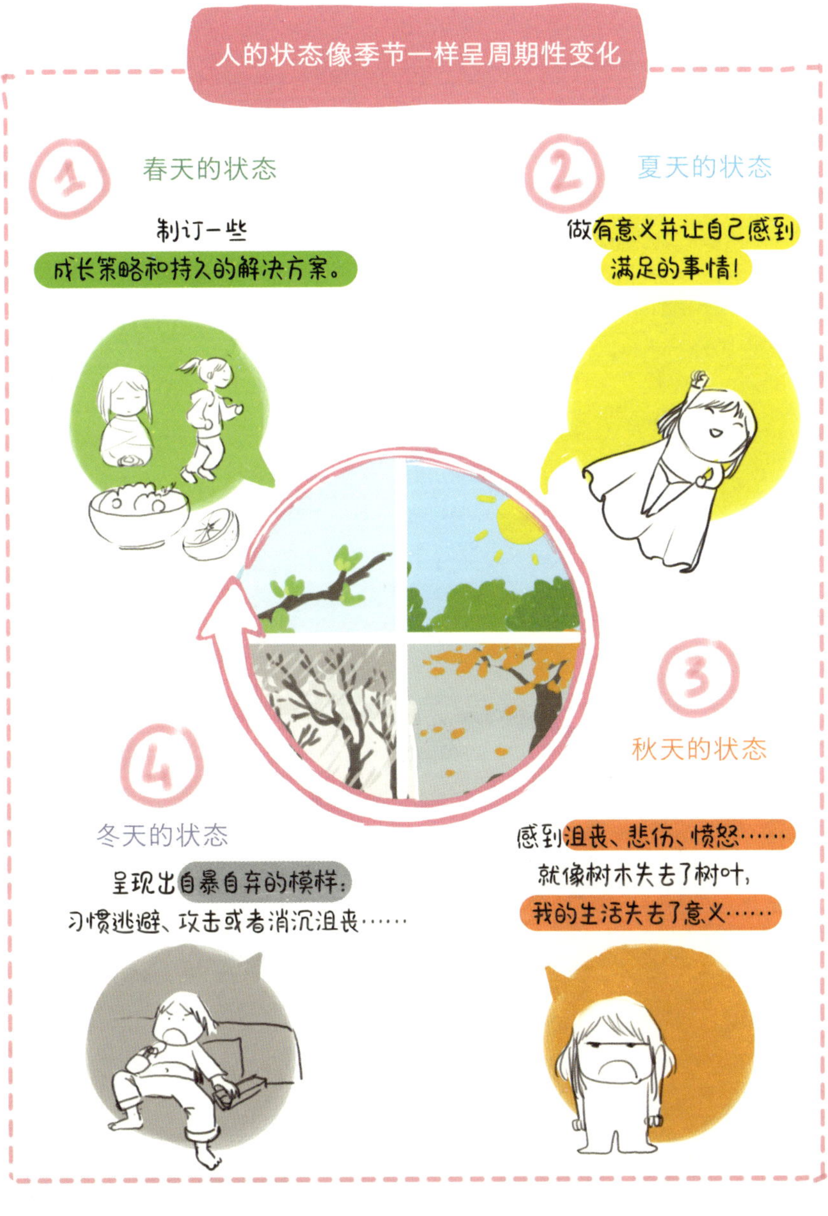

当然，秋天和冬天也有它们的作用，
让我们放慢脚步，好好休息……

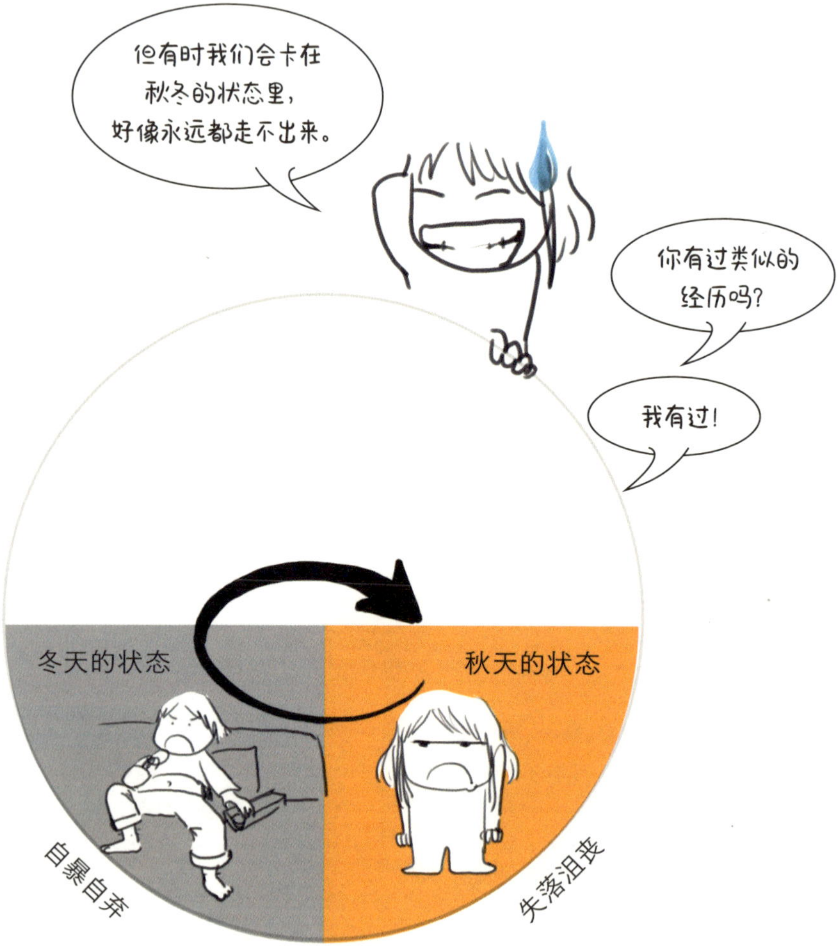

这项挑战的宗旨，

是让我们摆脱秋冬的状态，

并且迅速用行动建立良好的反馈循环！

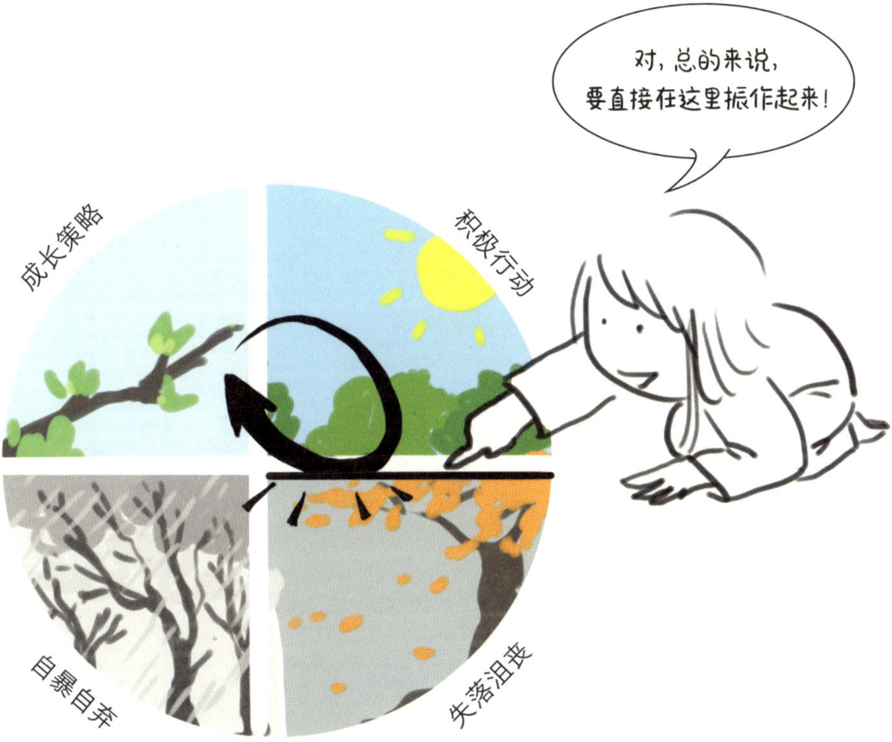

事实上，我们的失落沮丧是极其宝贵的指示标，
会在我们偏离自我实现之路时发出提醒。

每天在笔记本上
写下三件让你失落沮丧的事
并提出改进的行动

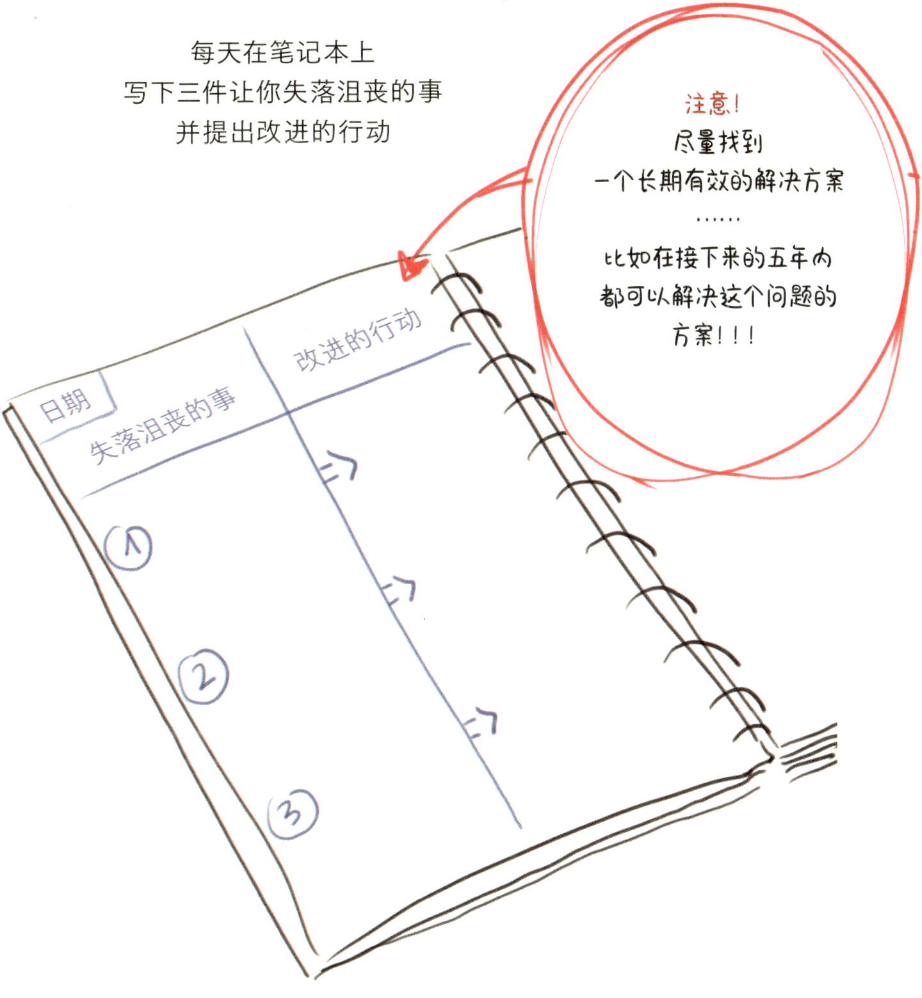

挑战是坚持三天、七天、二十一天做这个练习，

中间穿插休息日和对自己的小奖励……

如果你很好奇在纸上能写些什么，下面是示例：

2024年4月19日

第二周期 第二天

失落沮丧的事	改进的行动
① 好烦啊：记下了一些素材还有想法，却找不到了。	每个主题单独用一个笔记本，就从今天开始！
② 很沮丧：在发短信聊得正起劲的时候，对方不再回消息了。	去做点别的事……让我开心的事……读几页书？

结果呢？

几个月前，我完成了这项挑战。

整个人状态有了很大改善。

现在，我几乎每天晚上

都会坚持这个练习！

如何用一只小狗擦干身体

有时候，我们的日常显得沉闷、灰暗、平淡……

毫无新意……

如何在短短几秒内重拾孩童般的好奇心?

这里有个简单的小游戏!

请跟我尝试一下吧!

游戏规则是什么？
很简单！
首先，以轻快的步伐走一走！
太简单了吧！然后呢？
然后，每看见一样东西或一个人，用一个新词给TA命名。
哎？什么什么？这是……
越快越好！
快快快！

啊啊啊！呃……
柱子……不是！蜘蛛！
柠檬！
香……饼干！

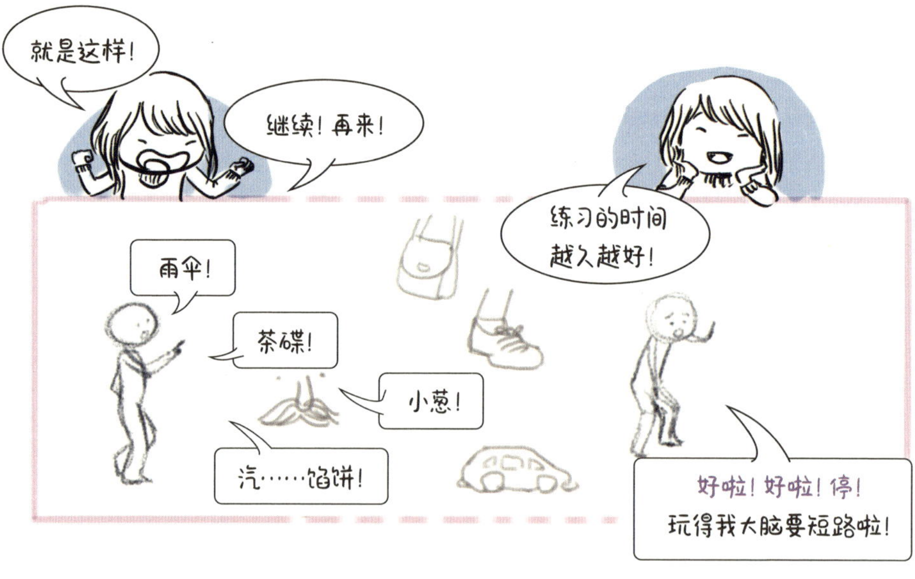
就是这样！
继续！再来！
练习的时间越久越好！
雨伞！
茶碟！
小葱！
汽……馅饼！
好啦！好啦！停！
玩得我大脑要短路啦！

确实是这样！
现在，再看看你的周围吧！
所有的色彩都更鲜亮了！
啊！奇怪……怎么回事？
多了好多细节……
哇！我感觉每个毛孔都在努力感知周围的环境！
可是，这条路我每天都会经过啊！究竟发生了什么？

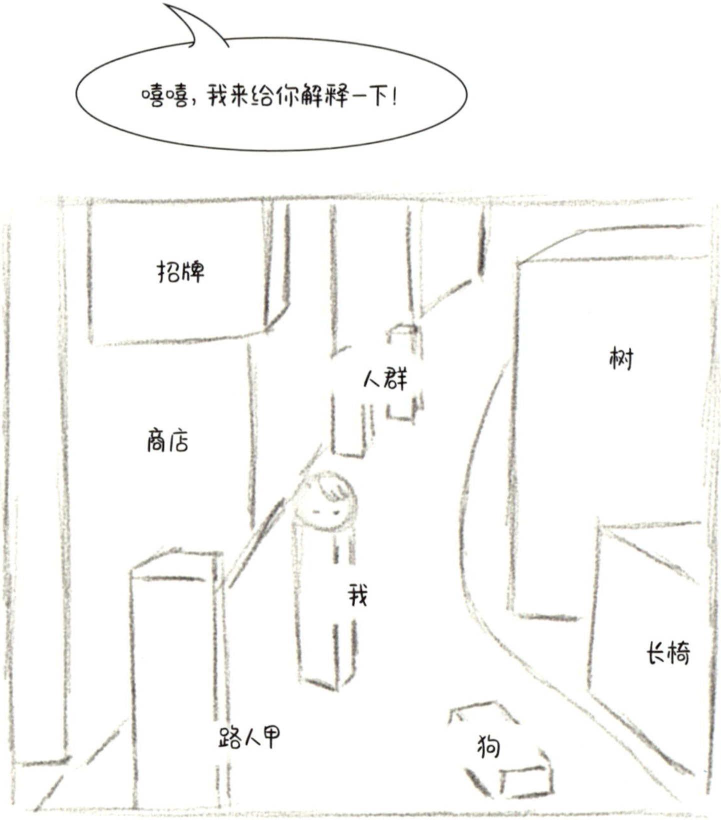

日常变得无趣的原因是：

随着惯性的养成，

大脑越来越善于用语言对一切事物进行分类……

我们甚至看不见事物本身了！

我们就这样任由自己行走在

贴着标签的盒子组成的世界里……

这个小练习让大家

把标签/盒子的对应关系打散……

于是，在接下来的几分钟里，

我们重新看到了这些人、事和物……而且上面没有任何标签！

就像回到小时候，

那时我们像海绵似的从环境中吸收一切！

这个小游戏很有趣……甚至相当有力量！

几天前，我感到
非常非常悲伤……

这份悲伤似乎
永远不会完结……

做了这个小游戏，没过几分钟……世界变得无比奇妙！

天上飘落的不是雨滴，
而是瓢虫！

我正在用一只小狗擦干身体……嘻嘻！

曾读过一篇有关致幻蘑菇对抑郁状态的积极作用的文章，
我认为两者有异曲同工的效果：
动摇大脑与世界的“默认”连接模式……让它获得自由！
而且做这个小游戏，完全不需要寻找致幻蘑菇！

有趣的变体玩法，

给我们的食物取个全新的名字……

就像变魔术一样，连最微小的细节都一下子呈现在我们面前，

每样事物都展现出独特的魅力！

* 灵感来源：即兴剧先驱基思·约翰斯通的《即兴剧与即兴表演》中的一个练习。

你的想法是一种能量

我不明白我的想法怎么对周围的
人和世界产生直接影响……

说的话或做的事可以影响其他人，
这很容易理解！但是，
想法如果只是停留在脑海里……
怎么影响他人呢？
buzzzz!

嗯，在量子物理学中，有种说法跟佛教的观点很相似：一切都是波，都在振动，具有能量！
我们的想法也是能量，它会形成波动发散出去，影响你的周围，并且在传播的过程中渐渐消失……

哦……
能不能说得更具体一点儿？

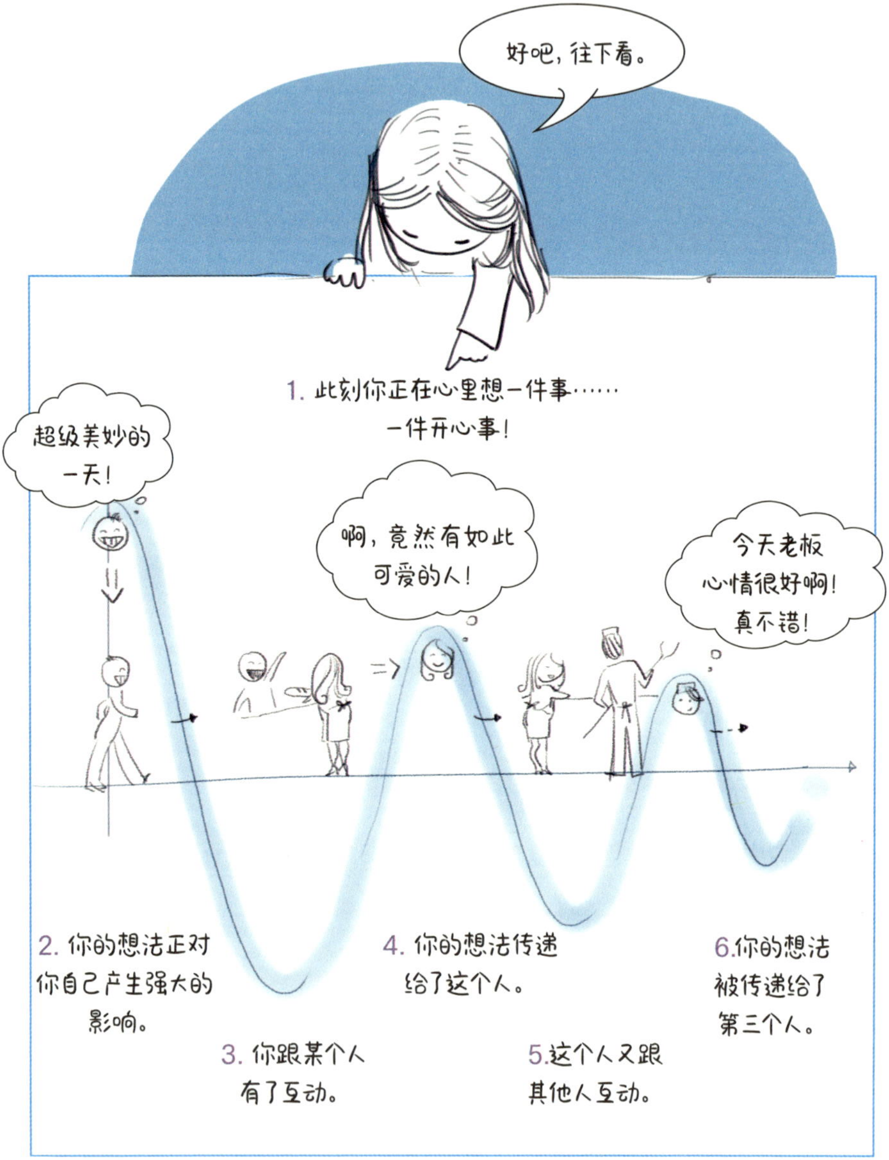
好吧，往下看。
1. 此刻你正在心里想一件事……
一件开心事！
超级美妙的一天！
啊，竟然有如此可爱的人！
今天老板心情很好啊！真不错！
2. 你的想法正对你自己产生强大的影响。
3. 你跟某个人有了互动。
4. 你的想法传递给了这个人。
5.这个人又跟其他人互动。
6.你的想法被传递给了第三个人。

原来如此……
当然，同样的规则
也适用于黑暗的想法！
来看看同样的场景：
真烦……真烦……
烦死了！
哼！有些人一出现
就在传播负能量！
老板最近总板着脸……
我有点儿不安……

* 斯坦·李电影《蜘蛛侠》的经典台词。

用物理知识浅释“不二”

如果你曾经体验过冥想，
或许你听过“不二”这个词，
它是一种神秘的意识状态，
也被称作“空”……

“不二”到底是什么呢？
下面我用漫画并结合
“波”这个物理学概念解释一下！

下面有一条非常简单的声波曲线。

它可以代表
“二元”的状态。

“高”和“低”是对立而存在的，

“真”和“假”相对立，

“好”和“坏”相对立……

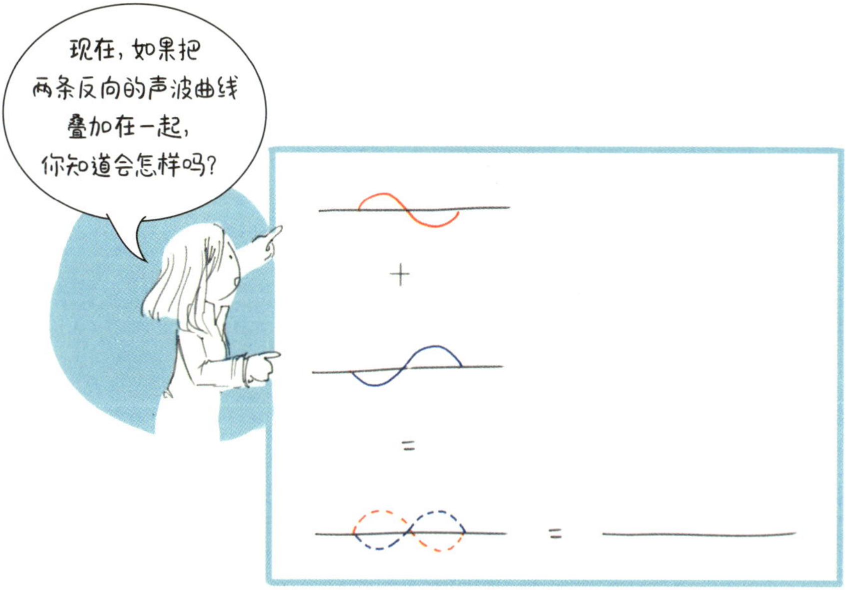

两条声波互相抵消了！！

于是，不再有高与低，真与假合为一体，
好和坏不复存在……

这就是“不二”的状态，
即所有可能性同时存在。

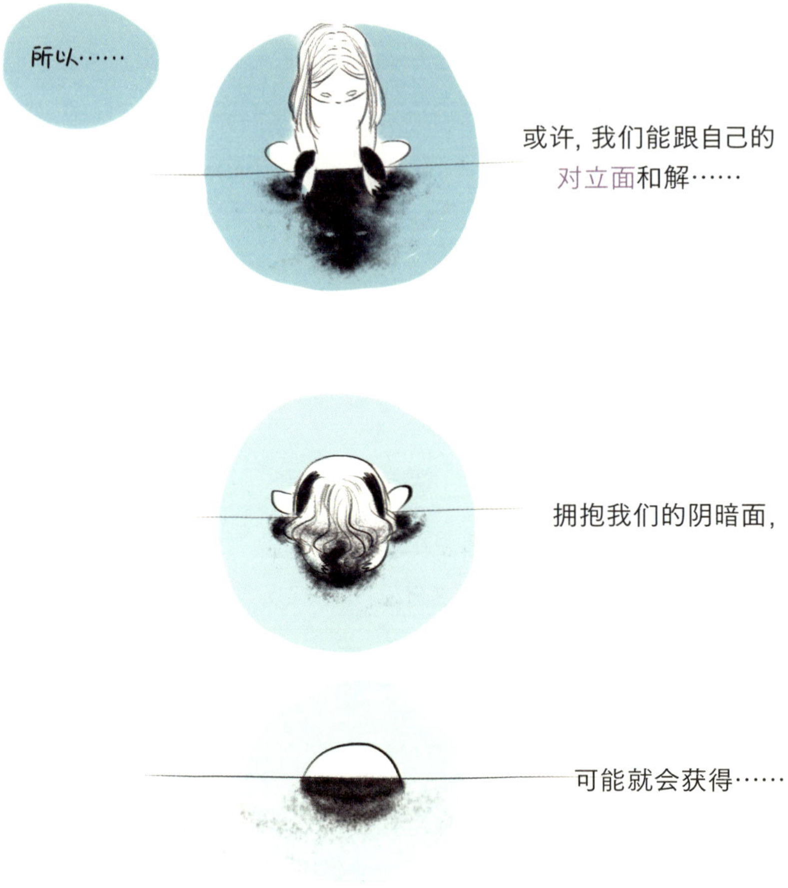
所以……
或许，我们能跟自己的对立面和解……
拥抱我们的阴暗面，
可能就会获得……

内心的宁静

以及，活在当下的
简单而又强烈的幸福……

Art-mella

从分形几何角度解释“冥想”

这么简单？
是呀，就这么简单，
且神奇！
因为宇宙万物就在
每个人的心中！

我觉得
你讲得很美……很有诗意……
但是我呢，
就是个比较普通的人……
我不明白，一个人身上
怎么能装得下宇宙呢？

你是不是想问，无限的东西如何进入我们有限的体内？
嗯，是的！
哈哈！纳西姆·哈拉梅因用了一点几何学知识，讲得很明白！

用几何概念来解释冥想吗？
是啊！超级简单又充满想象力！
你激起了我的好奇心！
你知道“分形”吗？就是同一种形状的图案在不同缩放级别上重复出现。

自然界中有很多
分形的例子！
比如宝塔花菜！

先画一个等边三角形。

A 画一个跟三角形外接的圆形。

B 在圆内画一个颠倒的等边三角形。

我来试一下：
A 画一个跟三角形外接的圆形。
B 在圆内画一个颠倒的三角形。
画出来的是同样的图案，不过小很多！

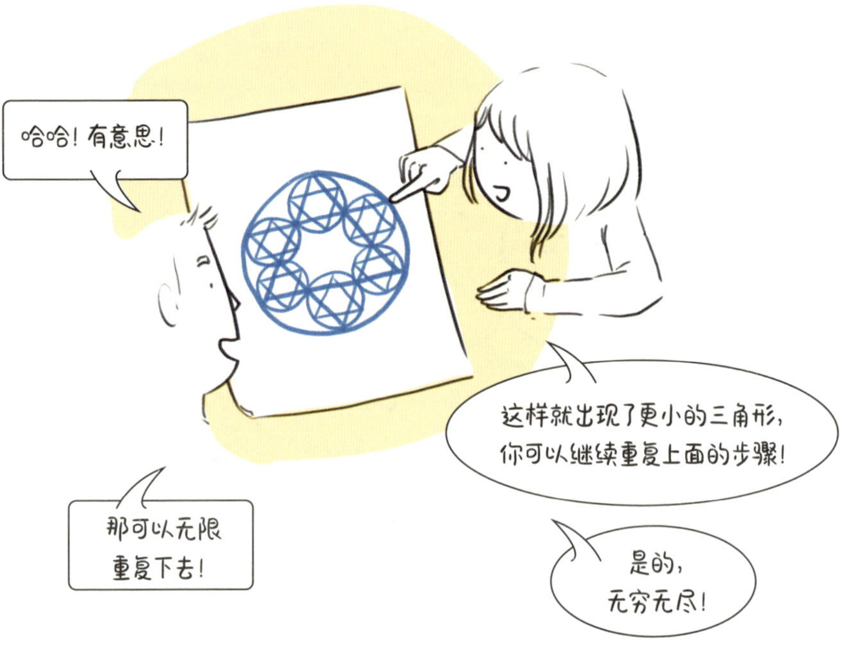
哈哈！有意思！
这样就出现了更小的三角形，你可以继续重复上面的步骤！
那可以无限重复下去！
是的，无穷无尽！

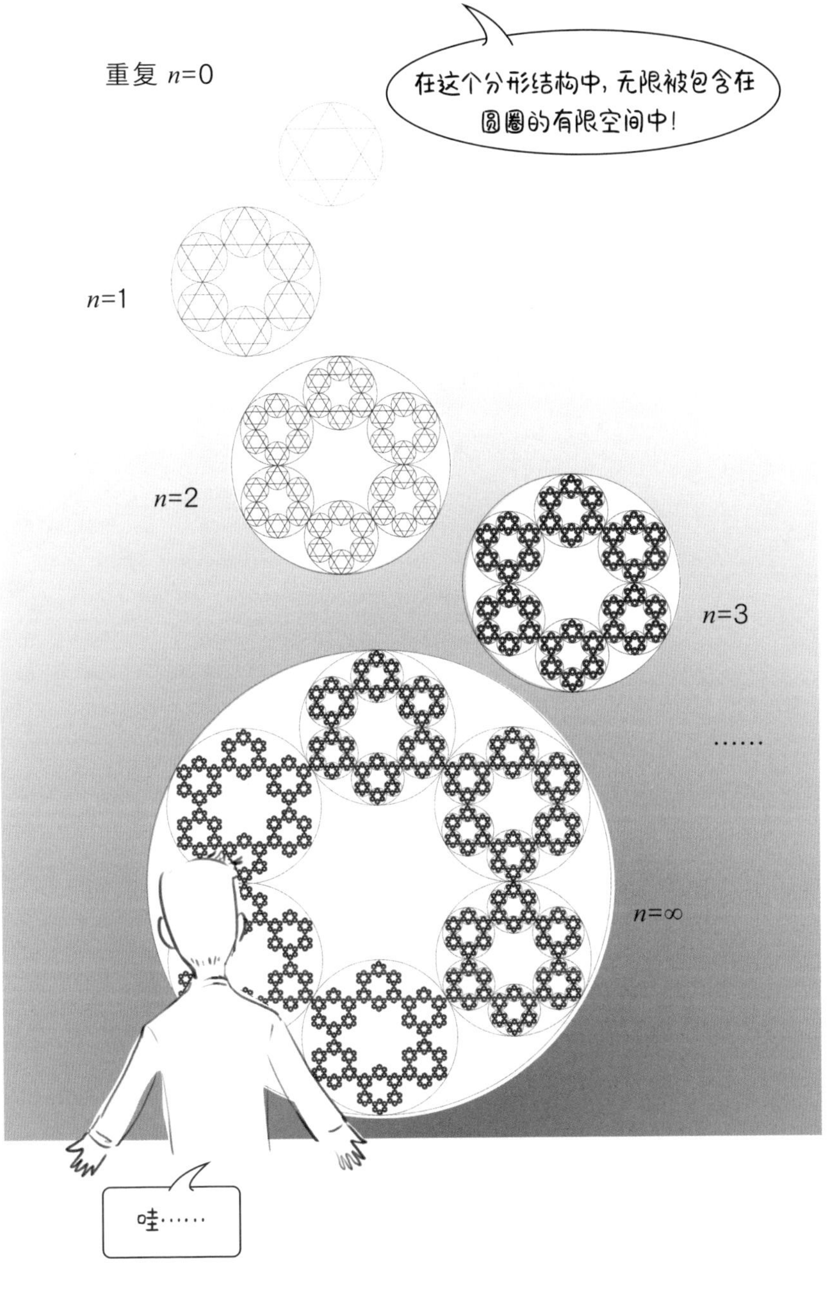

重复 n=0
在这个分形结构中，无限被包含在圆圈的有限空间中！
n=1
n=2
n=3
……
n=∞
哇……

无限真的可以被包含在有限之中！
是呀！而且很多科学家认为，宇宙就是一个分形结构……
真有意思……

如果宇宙的结构是分形的，那么我们可以在自己的内在发现什么呢？
啊！也是宇宙……
小型宇宙！
无数个越来越小的宇宙？！
完全正确！

冥想，就是通过将注意力转向内在，

感受到这种无限性！

哇!
就像刚才说的，这是我所知道的对于冥想最美的定义!
宇宙是分形的，这也意味着所有人都是相连的!
怎么会呢?
你想，虽然每个单独的人很渺小，但如果改变了内在的状态，比如，给自己多一点关爱……

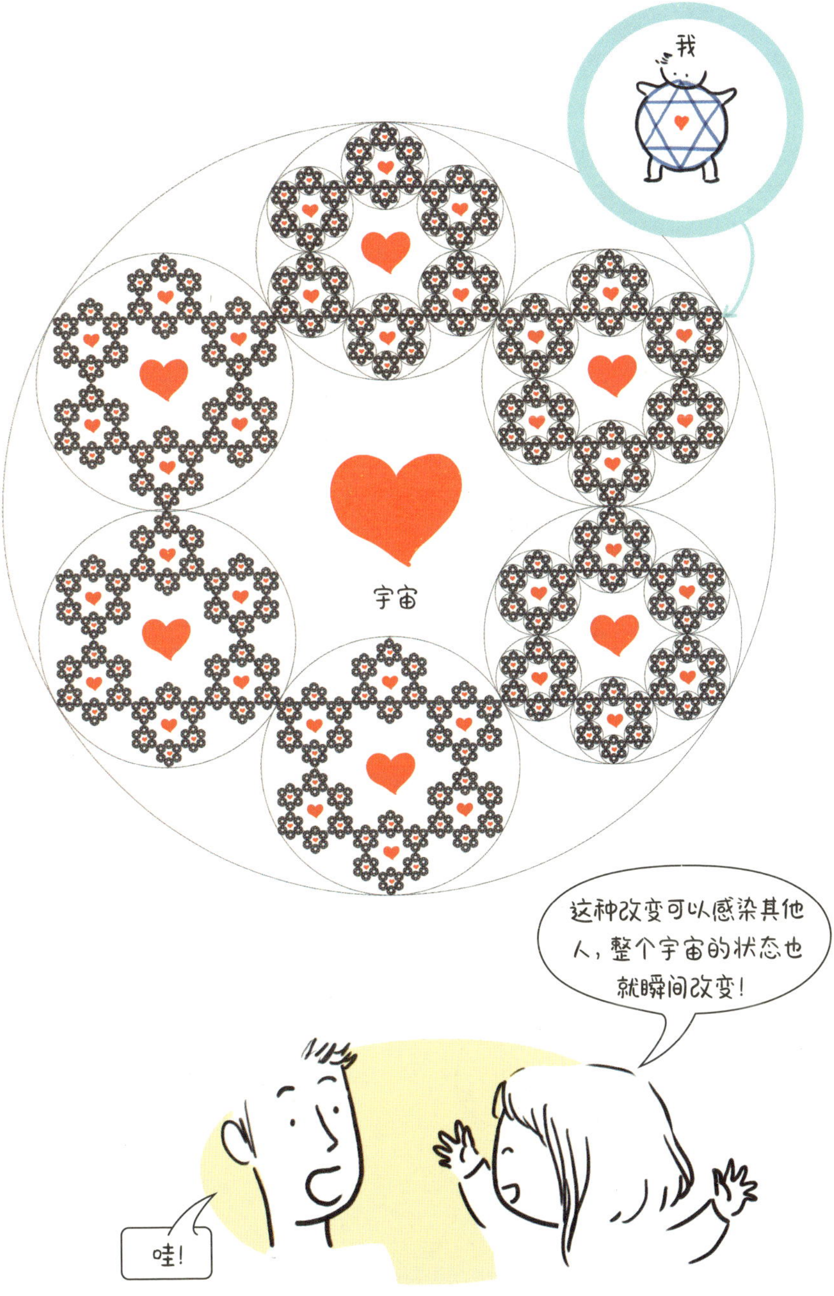
我
宇宙
这种改变可以感染其他人，整个宇宙的状态也就瞬间改变！
哇！

冥想，从自我察觉开始

我尝试做了冥想……
感受如何？
还没感受到自己和宇宙的连接。

很正常，能先从察觉自己的身体和想法做起，已经很不错啦！
但是，究竟什么时候才能跟宇宙连接上呢？

根据纳西姆·哈拉梅因的说法，这取决于你对自己内在探索的深度。
如果你能感受得到自己的每一个细胞，你就能连接来自地球的信息……
感受我的每一个细胞？竟然还有这种可能！

如果能感知到你的原子结构，
就可以触及太阳系的讯息。

如果更深入地感知到原子
核，就能通向整个银河系
的奥秘……

哇！
听起来很厉害！
事实上，你与自己内在的连接越深，就能在冥想中走得越远！
那你呢，你的内在探索到哪一步啦？
我？
呃……没多远！哈哈！
我可以察觉到我的想法、呼吸、身体器官、内在感受……
就这些？
哈哈哈哈！
哎！别笑啊！
能跟自己建立连接很不容易的，你能做到这一步吗？
Art-mella

爱的五种语言

前几天，他送了我一束花！
哎哟！真老套！
我更希望他能在开饭前
帮忙摆好餐具！
还有啊，他永远不会对我
说好听的话！

真烦，算了！
我不知道该做什么了！
那天，我想表示一下，
就送了她一束花……
她居然把我赶走了！

二位……

你们是深爱对方的，可惜
彼此“爱的语言”不通……
你们听说过
“爱的五种语言”吗？
什么？
没有。

根据作家加里·查普曼的观点，
人类主要有五种表达爱意的方式。

1 通过精心的时刻

2 通过鼓励式语言

3 通过赠送礼物

4 通过服务式行动

5 通过身体的接触

在表达爱意或接受爱意的时候，
每个人都有各自倾向的语言。

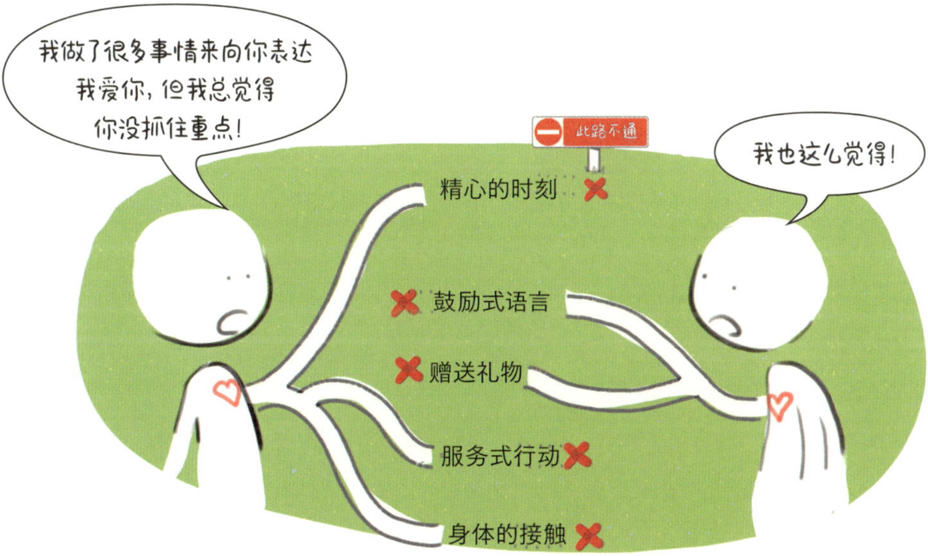

有时，两个人竭尽全力向对方示好，但毫无结果，
仅仅是因为他们用的不是同一种爱的语言！

我们居然只有
一种“共同语言”！
阿可
小丽
精心的时刻
鼓励式语言
赠送礼物
服务式行动
身体的接触

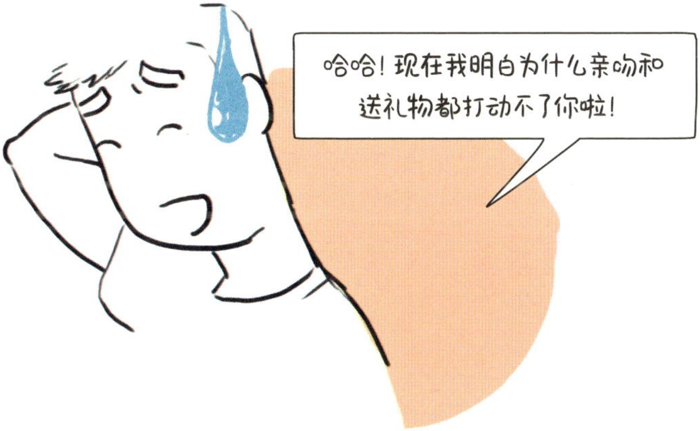
哈哈！现在我明白为什么亲吻和
送礼物都打动不了你啦！

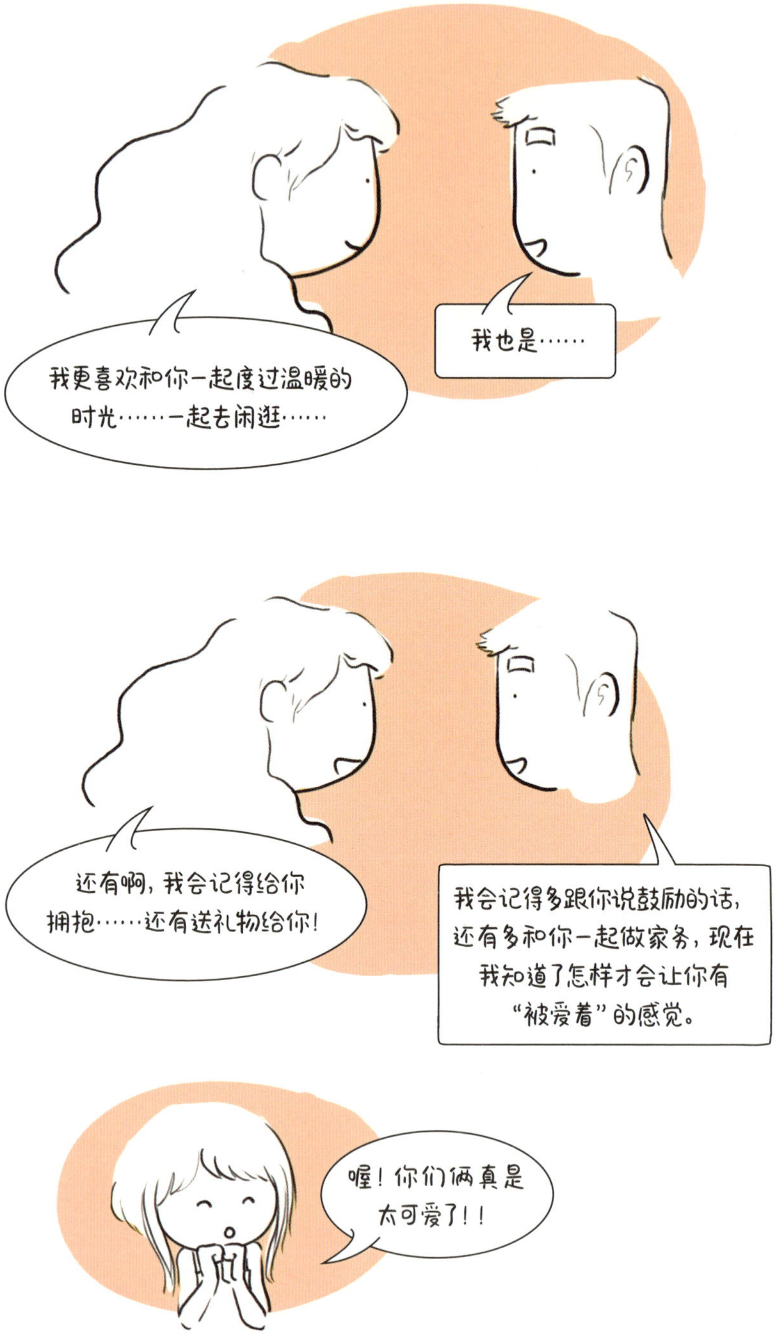
我更喜欢和你一起度过温暖的时光……一起去闲逛……
我也是……
还有啊，我会记得给你拥抱……还有送礼物给你！
我会记得多跟你说鼓励的话，还有多和你一起做家务，现在我知道了怎样才会让你有“被爱着”的感觉。
喔！你们俩真是太可爱了！！

确实如此……我们有时对最爱的人了解最少。

* 灵感来源：加里·查普曼的著作《爱的五种语言》。

Art-mella

对自己使用“爱的五种语言”

当我们特别需要被爱……
我们也可以把爱给自己！！
下面的几个方法用到了 “爱的五种语言”：

触摸自己的身体

拥抱自己、给自己按摩……

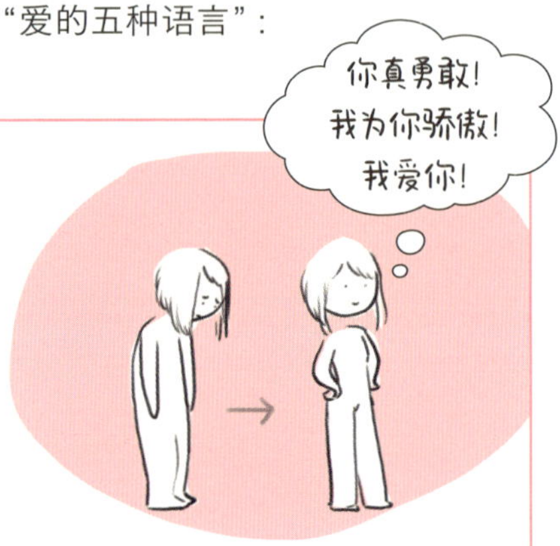

对自己说鼓励的话

预先准备一些鼓励的话，
以便应对艰难时刻

送礼物给自己

享受独属于自己的时刻

根据自己的喜好……
去大自然中散步、在陌生的街道漫游、
泡个澡、完成一件作品……

帮助自己达成心愿

当身体想动一动时，看到自己的需要；
聆听内在的声音；报名参加感兴趣的课程以拓宽视野……

努力结出香蕉的苹果树

很久以前，有一棵长在花园里的苹果树，
花园的主人不喜欢苹果，于是他对苹果树说……

苹果树非常非常难过……它真的很想让花园的主人开心！

于是它一直努力……

夜以继日地努力……

它终于结出了跟
香蕉一模一样的果实！

苹果树兴奋极了，
心里充满了
喜悦和自豪！

主人咬了一口果实，然后……

这个故事给我们的启示是：

与其试图把自己变成另一个人，

不如在懂得欣赏的人面前展示真实的自己。

---

* 故事来源：弗雷德里克·拉巴特的“自我意识”工作坊。

量子之光

大家似乎把什么事都扯到量子物理学上……知道这些，会怎样改变我的认知呢？
嗯……
能不能举个例子解释一下？
啊！有很简单的例子，我很喜欢！

我们在学校都学过：光线在物体表面会发生反射……例如，我看着的一棵树。

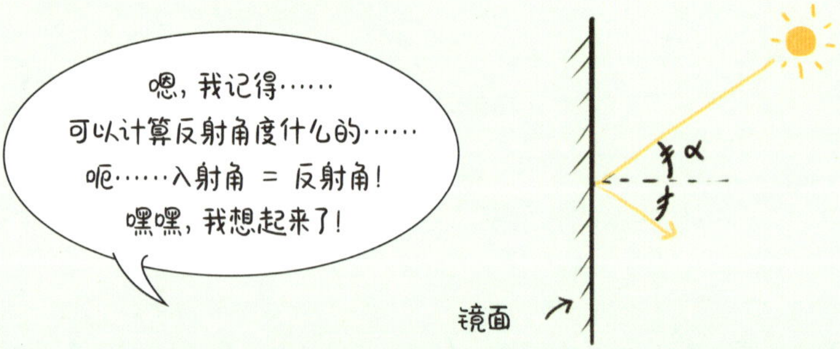

嗯，我记得……可以计算反射角度什么的……呃……入射角 = 反射角！嘿嘿，我想起来了！
α
镜面

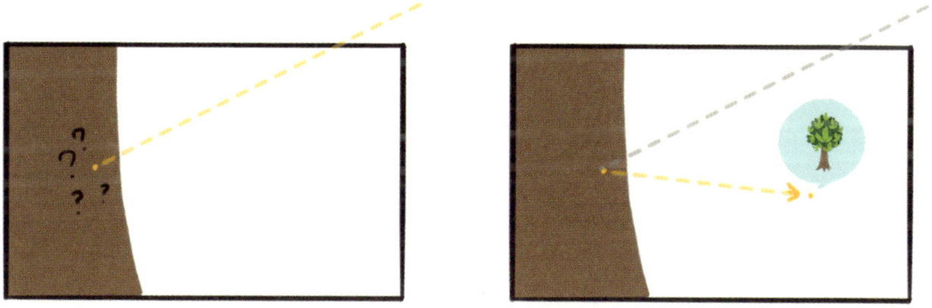

1 前一个光子消失（先是消失在树皮之下，然后消失在量子真空中）。

2 另一个携带树木信息的光子被发射出来。

当这个蕴含着树木信息的光子进入我的内在时……

我接收到所有这些信息，并且在某种程度上，
我也成了这棵树的一部分！

哇！那么，冥想大师们所说的“观察一棵树，然后变成那棵树”……还真是有可能的了？
是啊，是有可能的！诀窍就是把注意力完全集中在这一点上！

光竟然也能传递信息！
这不是什么新鲜事，光纤技术就是利用光子来传输信息的！
哦，对哦！这倒也是……说起来多亏了光子，我们才能使用互联网！
还有更神奇的！

一旦这个“树光子”进入我体内，向我传递了关于这棵树的所有信息……它就会消失！然后，一个携带有我的信息的光子就会被发射出来！

＊ “生命旅程中遇到的所有的爱，都会留下永久的印记。”

—— [法]弗朗索瓦·莫里亚克

空之颂歌

是的！我们从小到大都习惯看到“满”：

但看到“空”也同样很有趣！

在“空”当中，我才能逃脱……

也只有在空隙间，我才能反击！

"空"蕴含着行动的
所有可能性！
记得要
看到"空"！
哇……

看到"空"……

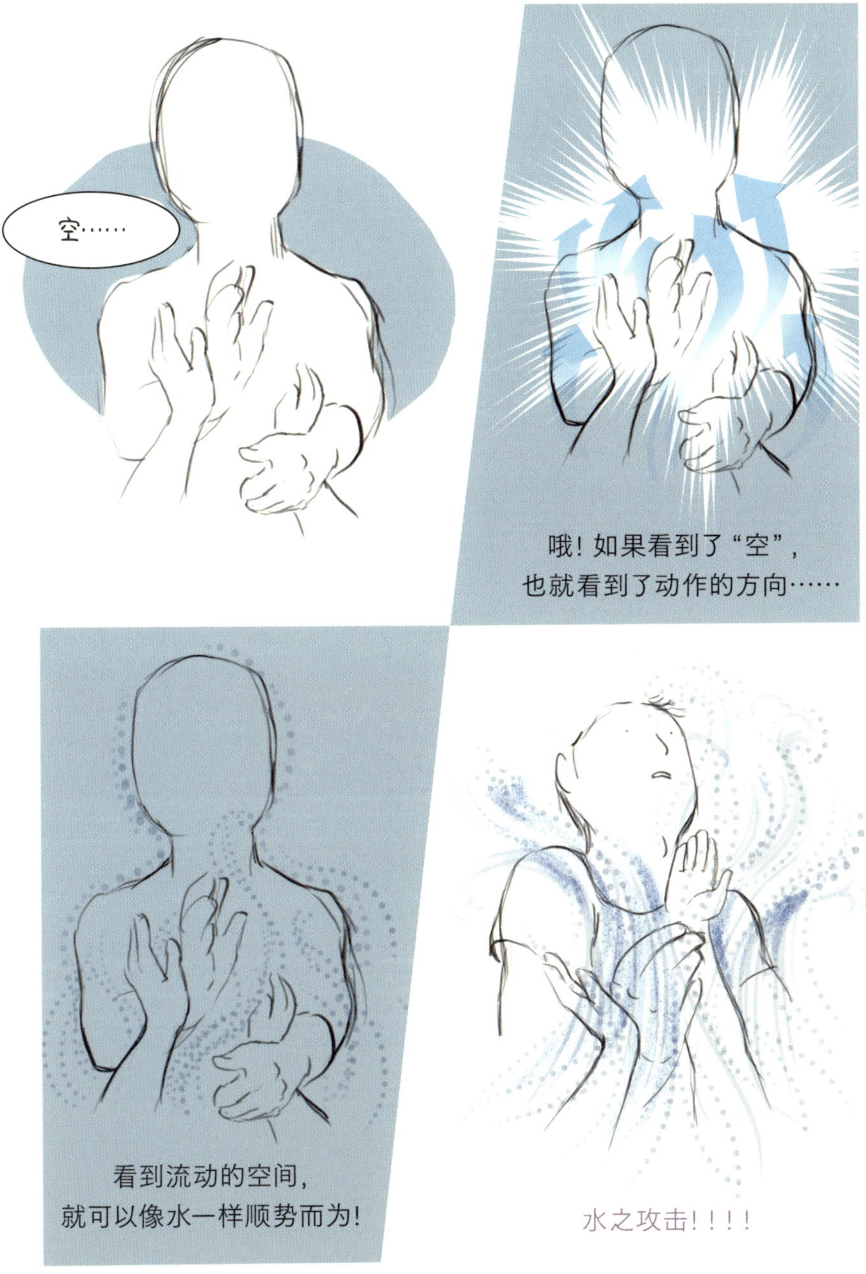
空……
哦！如果看到了“空”，
也就看到了动作的方向……
看到流动的空间，
就可以像水一样顺势而为！
水之攻击！！！！

实力逆转
哇……
你今天大有长进啊！
哈哈！！
我看到了“空”！
我变成了水！！
我就是水！！

这是露西·康达明的一节太极课，
之后我们还学了咏春拳。
“空”就像是为哲学探索者准备的一杯回味悠长的香茗……

此外，在建筑设计中，
“留白”比“填满”更有价值……

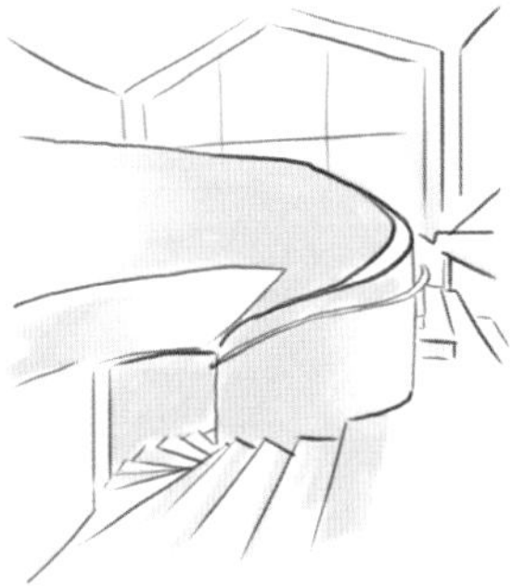

空，让建筑有了呼吸，
让建筑里的人有了穿行的自由……

而在人生旅途中……

只有轻装上阵，
才能拥有行动的自由!

宇宙的99.99%都是
“空”的！

这也说明，给自己留出“什么都
不做”的时间多么重要！

这才是顺应大自然的平衡……

真的可以在99.99%的
时间里什么也不做吗？
……

混乱的尽头是有序

前几天，我专门花时间进行了一次全屋大整理……
在整理收拾的过程中，
我悟出了宇宙运行的一条基本规律……

四个小时之后……

哎，这让我想到在
《混沌理论》这本书中
读到的内容……

作者解释道……
……宇宙万物均在有序（和谐）
与混乱两种形式之间来回变化。

有序（和谐）
混乱

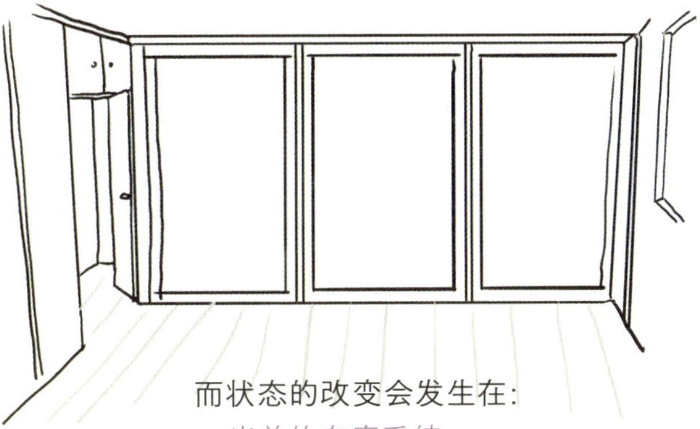

而状态的改变会发生在：
当前的有序系统……
达到它的极限时！

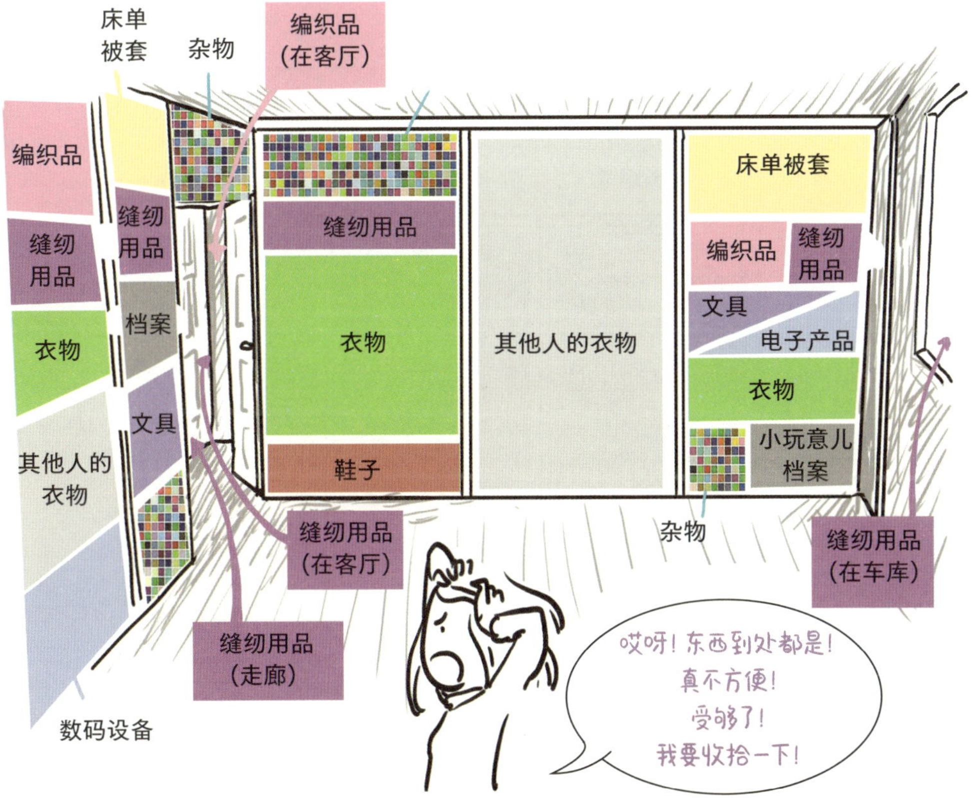

真是太乱了！

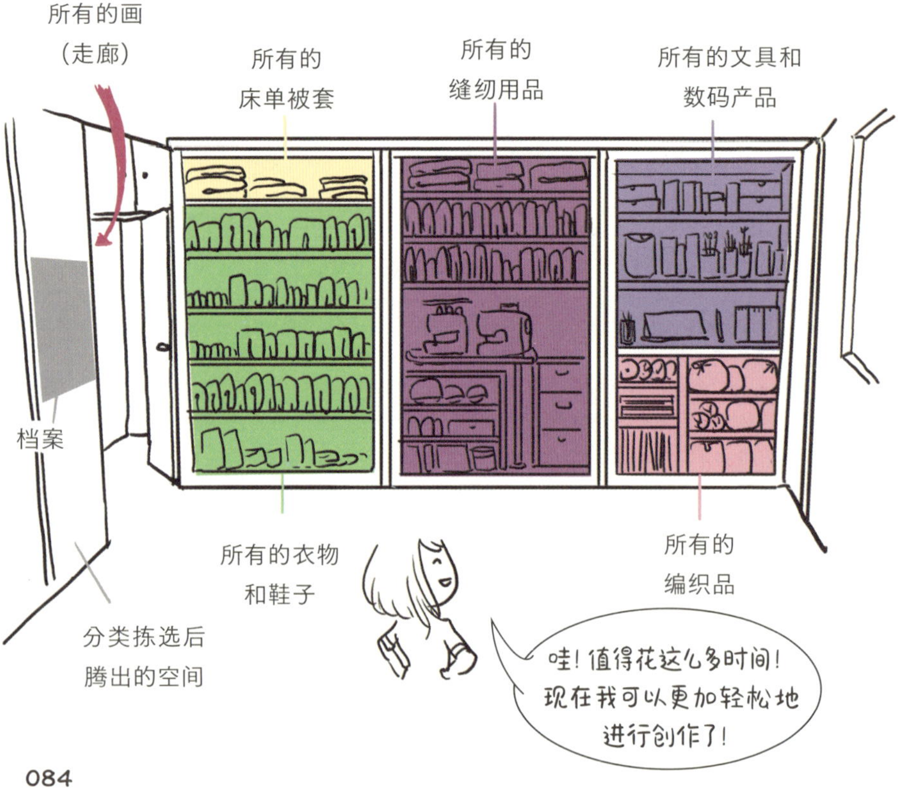

所有的画
（走廊）
所有的
床单被套
所有的
缝纫用品
所有的文具和
数码产品
档案
所有的衣物
和鞋子
所有的
编织品
分类拣选后
腾出的空间
哇！值得花这么多时间！
现在我可以更加轻松地
进行创作了！

我明白了！
也许日常生活
也是同一个道理！

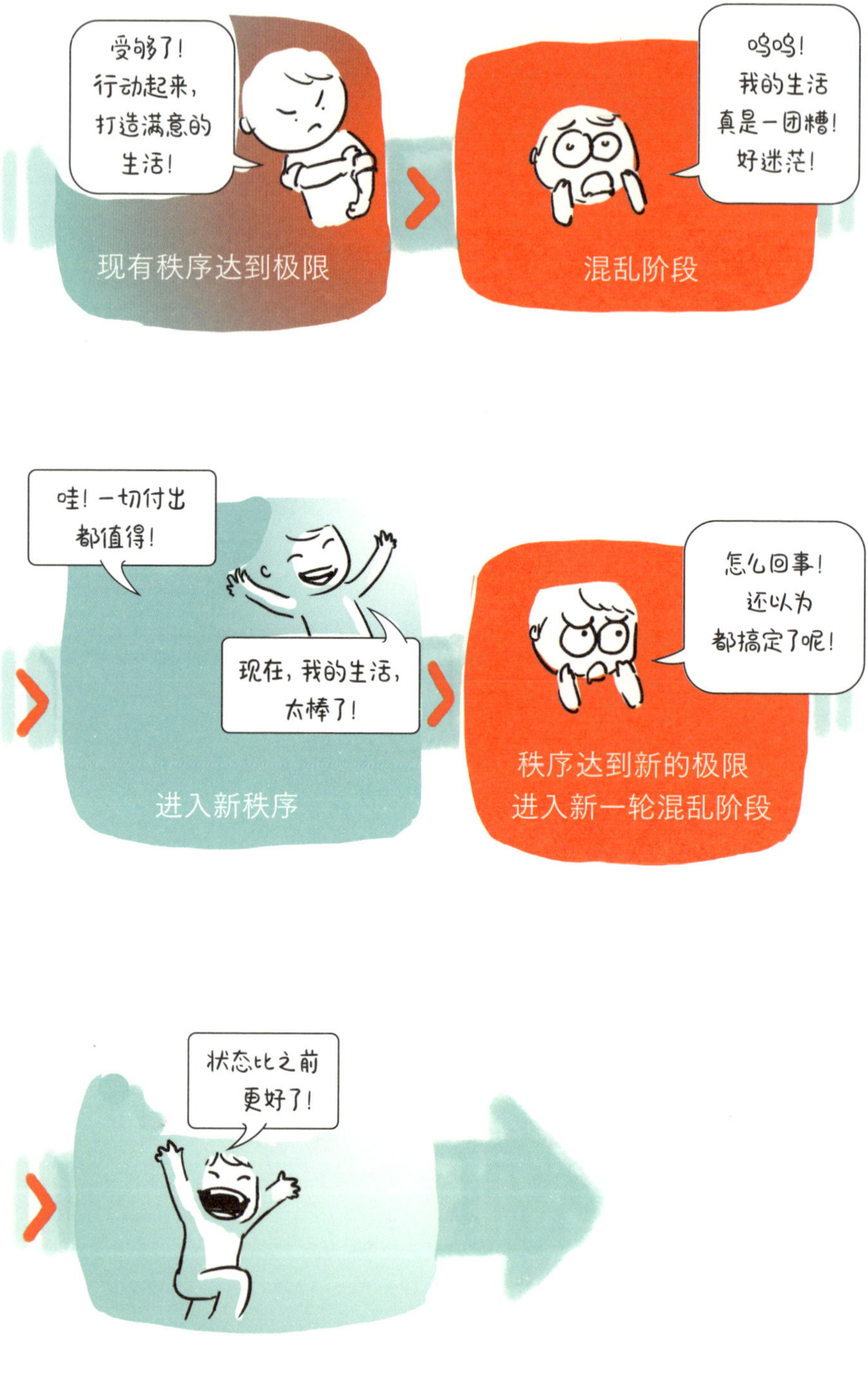
受够了！行动起来，打造满意的生活！
现有秩序达到极限
呜呜！我的生活真是一团糟！好迷茫！
混乱阶段
哇！一切付出都值得！
现在，我的生活，太棒了！
进入新秩序
怎么回事！还以为都搞定了呢！
秩序达到新的极限
进入新一轮混乱阶段
状态比之前更好了！

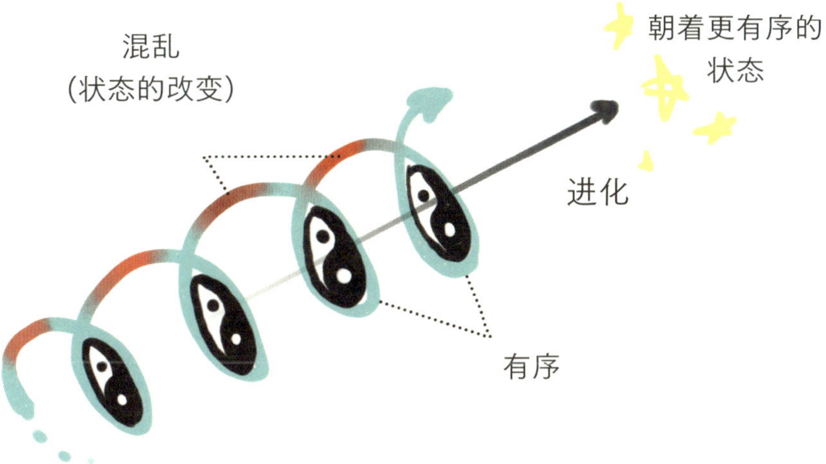

因为自己刚刚经历一个动荡
且混乱的阶段……

……所以特别想告诉那些
正在朝着梦想前进的人，
还有那些正在经历
生活混乱期的人……

加油！坚持住！
这是正常的必经阶段！

你很棒！
你在进化！

* 灵感来源：约翰·布里格斯和弗朗西斯·大卫·皮特合著的《浊镜：混沌理论图解指南》，以及帕特里克·德鲁奥所著的《整体思想革命》中克莱尔·W.格雷夫斯关于“动态螺旋”的论述。

赞美的力量

去年某天，我被一段视频深深吸引了：

这位老师每天早上都会花十分钟来称赞他的学生。

方法很简单：强调优点，而非缺点。

结果就是：

孩子们的自尊得到了极大的满足，师生之间形成了牢固的信任关系。

学生们不仅自己进步迅速，还更愿意相互鼓励。

那段时间，我陷入了新一轮的自我否定与批判。

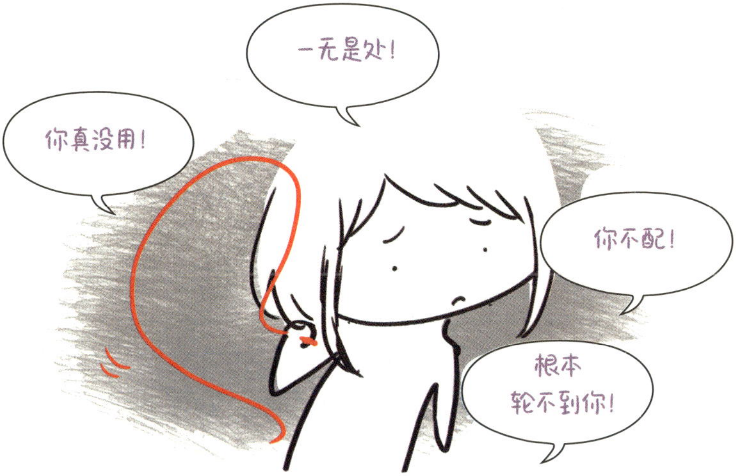

想到了！

咱们就像视频里那样，每天
早上对彼此说十分钟赞美的话，
你觉得怎么样？
哈哈！
呃，好……
Cool！

我先说说看!

奥利维尔……
你勇敢地做出了这次人生改变。很了不起!
你有着超乎寻常的创造力。
心胸宽广!
永远那么镇定……

另外一个人可以：

- 什么都不用说
- 微笑
- 点头接受
- 说："是的！"
- 说："确实是这样。"

然后交换角色！

当我们真正接受了对方的赞美，就会产生非常非常强烈的感触！

如果每天都这样做
……会发生什么呢？
会每天
都开心！
快来击个掌！

两周之后的效果：

能看到事物的积极面——

能更客观理智地面对日常挑战——

赞美别人变成一种快乐——

能够真诚地说出发自内心的赞美，真好！

在我家里，大家都比较腼腆，

不太会直接表达自己的感受。

所以我们之间最棒的礼物可以是这样的：

你很幽默、有创造力、调皮可爱
又充满活力！
你给整个家带来了欢乐。有你真好！

如果你有兴趣体验的话，务必试试

……

第一次尝试的确需要一点勇气。

但这样做会让生活充满惊喜！

请一定试一次！

如果你想做得更浪漫：

如果你们身处异地：

如果对方是把内心封闭起来的人：

有时，由于常常受到的是攻击而非赞美，
一个人可能无法轻易接受他人的赞美。

让赞美直达内心的诀窍在于：

① 强调个人感受

② 选择尽可能确切的描述

我觉得你很有办法。
那天，你只用了个软木塞就解决了问题，
给我留下了很深的印象！

③ 提及一个具体的事件

Art-mella

猫咪是猫咪，这已经让人感觉幸福

啊……
唔……

实际上，哪怕只是看着
某个幸福快乐的人，我们也会
感到幸福快乐！

所以，也许我们能够
送给身边人最美好的礼物……

就是好好照顾自己，
散发出幸福的光芒！

所谓现实，只是一种虚拟现实

比如，
物理学家菲利普·吉勒芒说
空间可以变形，有点类似电影被
投影仪打到幕布上。

用镜头放大到足够大时，
我们就能在“普朗克尺度”上看到所谓的“量子”，
一种无法再分割的基本单位。

就像是“现实图像”中的像素！

哇！如果真是这样，
那我们就是虚拟现实游戏的玩家，
只是不知道怎么摘下VR眼镜！
啊！！
有点吓人！
嗯……这样想的话，
是挺可怕的！

根据印度神话中能理解宇宙真正本质的智者的说法，我们是有可能摘下VR眼镜的……
真的吗？要怎么做呢？

印度传说里认为，
在这个虚幻的“现实”中，
我们可以轻易达到的三种意识状态是：

清醒　　深度睡眠　　做梦

但还有第四种状态，
要通过某种冥想
才有可能达到。

第四境

梵语里称这种状态为“特瑞耶”
——意思就是“第四境”。

嘿嘿！那也就是说，所谓的“觉醒”……
就像把意识旋钮调到“4”挡，这样就可以
摘下VR眼镜了？！
1
2
3
4
哎呀，我特别想知道，
人处在第四境时是什么状态？

许多有过这种经历的人都说，
他们体验到了一种“极乐”的状态，
感到自己和整个宇宙合为一体，
并且可以理解宇宙的所有知识。
同时，时间和空间也不存在了！

哇！这有点像退出“玩家”模式，并且
获取到计算机里的所有数据！
游戏中的时空
访问整个硬盘
哈哈！总结得很精妙！

嗯，
不管怎么说……
？
这款虚拟现实游戏做得
真是非常好！

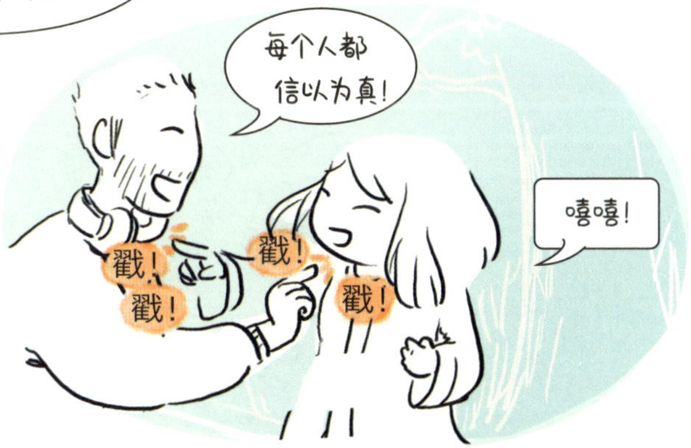
每个人都
信以为真！
嘻嘻！
戳！
戳！
戳！
戳！

拥抱一只小兔子

20世纪70年代，科学家们*曾做过一个实验，他们给兔子投喂一种富含胆固醇的有害食物，并观察这样是否会堵塞动脉。

＊ 20世纪70年代美国俄亥俄大学的一个研究项目。

不出所料，这使得兔子们的动脉堵塞，
它们都开始出现病症……

不过，
其中一组兔子的症状比其他组兔子轻了60%……

没有人知道为什么！

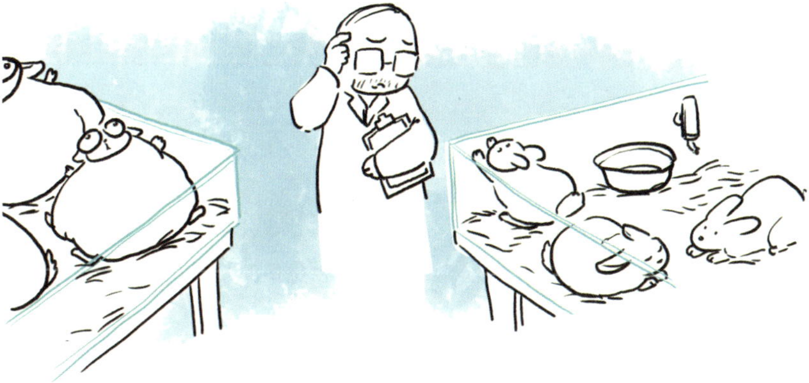

直到他们意外发现，照顾这组兔子的大学生……

……喜欢在喂食前
一只一只地抚摸它们！

不会吧？是因为这样，
这组兔子才更能
抵抗住有害的饮食？
没错！这个实验后来又重复
进行了好几次，结果都是
一样的！

意味着……
拥抱和爱抚能使免疫
力提高60%？
是呀！

---

*　参考文献：ROBERT M. NEREM, MURINA J. LEVESQUE, J. FREDRICK CORNHILL. Social Environment as a Factor in Diet-Induced Atherosclerosis [J]. *Science*, 1980, 208 (4451)：1475-1476. DOI：10.1126/science7384790
灵感来源：迪帕克·乔普拉在其著作《量子之躯》一书中引述的实验。感谢亚历山大·特里戈尔帮助我找到了参考文献的确切出处。

宝藏笔记本

晚上临睡前，你可以把一天中遇到的美好都记录在“宝藏笔记本”里。
3月18日
星期三
今日美好……
嗯。可是，这段时间并不是每天都很快乐，所以，坦白说，我不太知道该记录些什么……
可以是一些非常普通的小事儿……

一阵微风……

一缕阳光……

一顿美餐……

一次和朋友们的闲谈……

躺在温暖被窝里的舒适惬意……

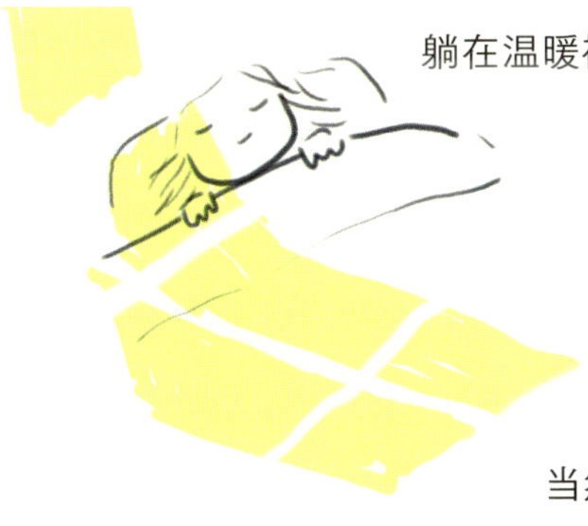

当然，也可以是更大的事儿！

而且，我喜欢每周重读一次
我的宝藏笔记本……

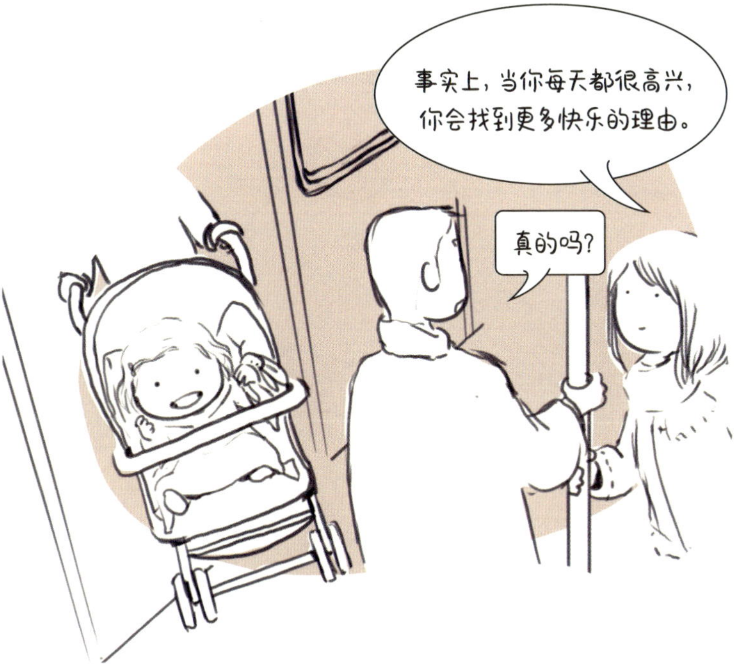
事实上，当你每天都很高兴，
你会找到更多快乐的理由。
真的吗？

这就是吸引力
法则！
呀！呀！

呃?

哈哈，抱歉啊，
宝宝实在是太可爱了……
我忍不住想逗她……
你刚才
说什么来着?
嘿嘿，我说的正是
“快乐会吸引更多快乐”。
呀!

3月18日
今日美好：
- 地铁里与陌生人
微笑致意
- 傍晚散步时迎面
吹来暖风
- 身体健康
- 有家可归

两年前，我参加过一期主题为“富足感”的研修课程，
结束后便开始记录“宝藏日记”。
因为这项实践带给我很多欢乐和喜悦，
所以很轻松地坚持了下来。

如果我哪天没有写“宝藏日记”，
上床睡觉时会带着一整天的疲惫……
但只要一写完，就会带着微笑入眠！

大部分时间我会用文字记录（这样比较快！），

偶尔也会把一些简单又美好的时刻画下来……

下面分享其中的一些，

希望能给你们带来启发！

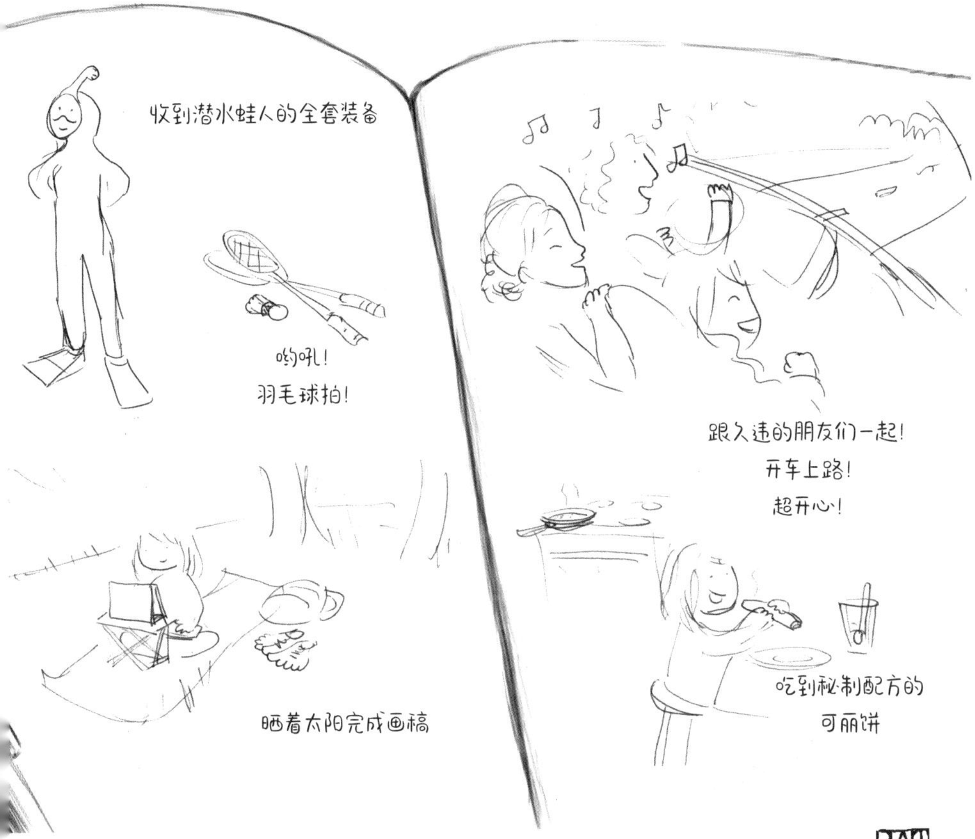

期待看到你的宝藏日记！

Art-mella

内在小孩的礼物

一个值得一试的快乐游戏，你的心会告诉你答案！

1 两个人面对面：

2 想象进入自己的内心……

3 召唤出自己的内在小孩！

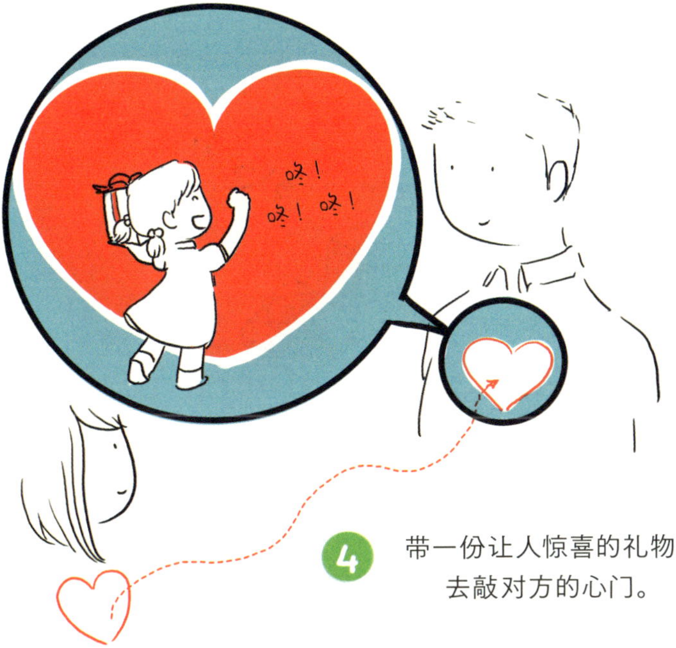

4 带一份让人惊喜的礼物，
去敲对方的心门。

5 送出礼物

6 打开礼物，看看里面是什么！

7 告诉对方发生了什么！

8 然后互换角色，
再来一次！

怎么样？
我拿着一个很小的礼物
敲你的心门……
然后打开礼物盒，出现了
一朵非常大的云！
你躺在了上面！

太棒了！！！
大云朵，
我喜欢！！
太开心啦
！！！
谢谢！！

我曾在瓦尔罗斯市政厅带很多人
一起体验过这个游戏……

雅克·图尔、埃斯特尔·帕吉和洛朗·克雷奇曼组织的工作坊
举办了上述活动，我有幸向大家介绍了这个小游戏！
（感谢主办方的邀请！）

请问有没有哪位愿意
分享一下自己的体验？
就像是颅内爆炸，
非常震撼！
这个游戏给我带来了
很多快乐，我不知道
怎么形容。
我觉得这是一种
很私密的体验……

真棒，这些感受都是正常的！
内在小孩是我们的
快乐源泉！
当我们与内在小孩连接时，
就能充分感受到真实的自己……
这样就能与他人建立起真实、
亲密的关系！

稍微变换一下这个游戏，也会很有趣。
如果你想要改善跟另一个人有点紧张的关系：

你可以想象自己的内在小孩……
跨越了你们之间的距离……

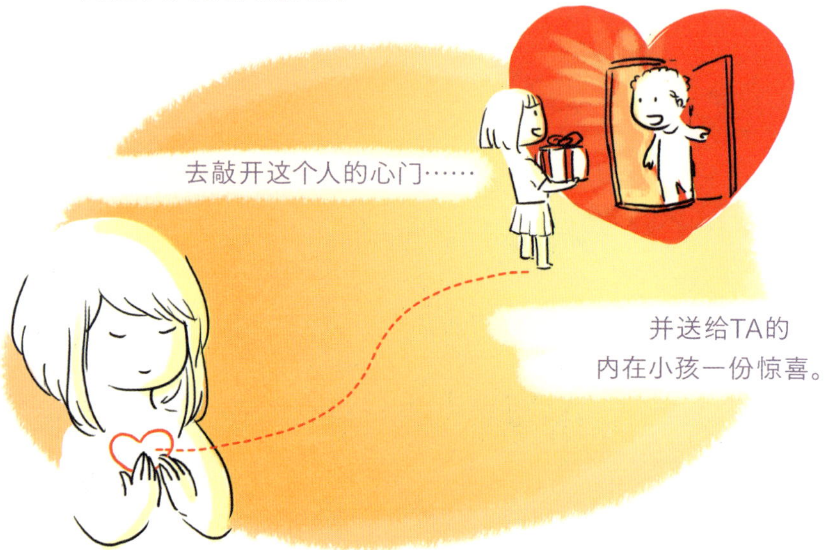

也祝你能够送出美好的真心礼物！！

小苹果不需要成为芒果

从前，在一棵大苹果树上……

当苹果太无趣了！

你看，咱们头上还有一根柄！真可笑！

而且，长成这样真的太普通了……

你看看香蕉！
优雅又气派！

再看看芒果！
哇……
闻起来那么香！
大家都喜欢香蕉和芒果！

随着时间的推移，
苹果树上几乎所有的苹果都变得红彤彤、
有光泽，香气四溢。

……除了那个小苹果……
它一直为自己是苹果而耿耿于怀，不停哀叹，
于是停留在了最初的样子，瘦小、青涩、酸苦。

这个故事告诉我们:
只要是成熟美味的水果，总有人爱吃!
无论是香蕉、芒果还是苹果!

* 改编自：人类永续生活方式专家贝尔纳·阿隆索讲述的故事。永续生活（Permaculture，或永续农业）是把原生态、园艺和农业及许多不同领域的知识相结合，通过各种元素设计而成的准自然系统。

拥有自己的梦想是一种生态友好行为

在永续生活领域，我们认为竞争是不存在的：

有一种鸟有着扁平的喙和适合
漂浮的身体构造……

它的生理结构很适合以漂浮在
水面的水生植物为食。

另一种鸟有长长的腿和
长长的喙，可以吃池塘
底部的植物。

还有一种鸟，
以捕鱼为生……

每种生物都有自己的生态位，
来实现自己的生态功能：进食、呼吸，
做自己擅长的事，
并且它们的身体结构也是
完全为此而设计的。

既然如此，为什么人类之间有如此多的竞争呢？
这是因为我们被设定了同样的欲望！
欲望？

比如在学校取得好成绩、拥有大量金钱、权力、豪车、豪宅等。
嗯？

如果大家都想得到一样的东西，那么现有的东西就不够所有人分，竞争就产生了！
原来如此！

想象一下……
所有动物的梦想都被强制设定为同一个:
吃草……

可想而知,
用不了多久,草就不够吃了!

这就产生了危机!

其实,动物们的确感觉到有些事情不对劲……
有些动物感觉别扭,好像自己来自外星,无法适应地球……

悄悄告诉你，
我一直觉得自己与其他动物
格格不入，一点都不喜欢吃草。
我特别渴望爬树
和吃香蕉。
我也是！
我也总觉得哪里不舒服。

我向往的是在
广阔的空间里……飞翔！
竟然不想吃草，
我们肯定不正常！

只要每个人重新连接到自己内心深处的渴望，
我们的星球就可以重新恢复平衡。

这样看来，
如果敢于拥有自己的梦想，
特别是这些梦想与既有的观念不太一样，
甚至很少有人理解，
会是一种对生态友好的行为吗？

让我们敢于追梦，
真正让我们振奋的梦！！

Art-mella

观察的力量

如果你对量子理论感兴趣，
那么“观察者创造现实”这个观点对你来说肯定不陌生。

根据“薛定谔的猫”这个思想实验，
“现实”是以概率的形式存在的：

薛定谔的猫只要还没有被观察到，
就会有：

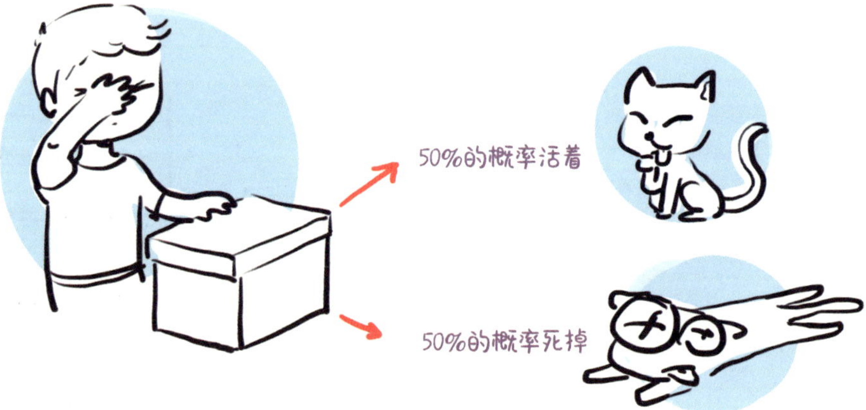

而观察会
迫使现实做出选择。

当我开始制作 3D 电影和网络游戏时,
发现所有这些突然变得合乎逻辑!

在3D设计软件中至少有一个摄像机来呈现对象。

1号摄像机

软件不会计算出对象所有的面：
摄像头拍摄不到的面毫无用处！

从运算时间角度看，
这样更加高效！

但是，我们在观看摄像机视图时，
根本意识不到这一点，
因为所有的可见面都已经被
运算出来了。

1号摄像机的视图

按理说，如果没有这台摄像机，
对象就只是以纯粹的形式存在：电流、能量、0和1……

好吧，假设我们的现实运行方式跟虚拟现实一样，但知道这些对我的日常生活有什么帮助呢？
当然有！想象一下，如果你有一个问题……
我的问题

根据乔·迪斯彭萨博士*的观点，你越是持续关注你的问题，你就越能让它显现出形状、性质和重量。

也就是说，所谓的“观察”会把问题僵化，这样一来，再想挪动它就需要花费很大的力气。

＊ 乔·迪斯彭萨博士探讨了有关自然治愈力的科学，其研究结合了神经科学、表观遗传学和量子物理学等领域。

如果暂时把注意力转移到其他事情上，
你的“问题”就会重新变回纯粹的形式——信息和概率。

这样，它就可以与其他信息互动，
在纯信息的世界里迅速而毫无负担地演进变化。

噢，最后，
我只是跟某个朋友聊了个天，
问题就不见了！

对，这倒也是，
陷入僵局时，
拼命蛮干的确没有用！

有道理！
我刚刚意识到“放下”
的真正意义！！

好吧，那么，
我要允许自己更多地停下来！
花时间享受生活，
陪伴我的家人……
……相信我的项目
也会推进得更顺利！

这是不是也意味着，如果我更多地
关注生活中我欣赏的事物，就能赋予
它们更具体的形象，使它们
变得更加真实？
是的！！
Art-mella

敢于绽放

我不知道你们的情况，
但我经常会把自己放到渺小的位置……

因为对我来说，这样才是真正的谦虚。

你能想象吗？一棵树一边想着回报大自然，
一边又限制自己的生长，结出小得可怜的果实。

真是的，这会对生态系统有好处吗？

我想对这棵树说：

树要想对生态系统有益，
不是靠限制自己的生长，而是凭借……

……自由绽放！

而它的谦虚在于，能意识到自己需要森林，
就像森林需要它一样。

给所有还没有允许自己完全出彩的人：
敢于绽放！美丽的森林需要这样的你！

Art-mella

后记

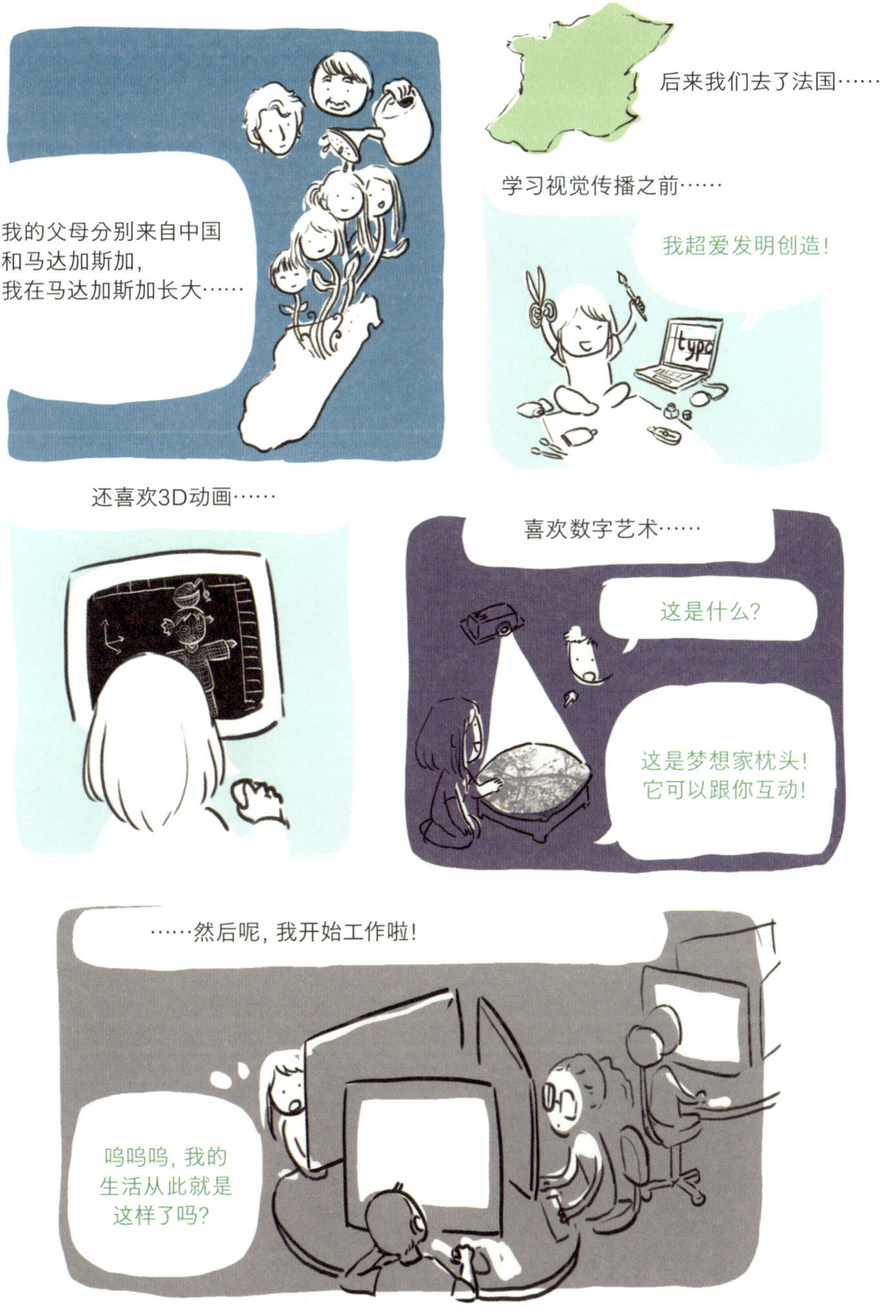
我的父母分别来自中国
和马达加斯加，
我在马达加斯加长大……
后来我们去了法国……
学习视觉传播之前……
我超爱发明创造！
typo
还喜欢3D动画……
喜欢数字艺术……
这是什么？
这是梦想家枕头！
它可以跟你互动！
……然后呢，我开始工作啦！
呜呜呜，我的
生活从此就是
这样了吗？

“我们正在毁灭地球。
人类是寄生虫……”
不！！我可不想做寄生虫！
一定有别的出路！！
于是，我开始探索生命的意义。
这个课题对我来说至关重要……
天地万物自行运转！
我们是生态系统的
一部分，肯定也有自己的
运行规律！
永续生活……
当我们放松舌头时，
声带及大脑的语言区域会随之放松……
乱糟糟的想法也会随之减少！
太棒了！
为什么在学校
学不到这些和人
相关的常识呢？
正念冥想……
太极……量子物理……
还有许多其他东西……
可是……
为什么我还是没有
归属感呢？
后来，我看到了：
如果生命只剩
下两个月，你想
给这个世界留
下什么？
嗯……在离开之前……我想要留下
一本漫画，分享超级有意思的发现！

现在，它又漂洋过海来到了中国，你手中捧着的

就是这个小小奇迹。

- 非常感谢KAIZEN杂志，是你们的鼓励促成了多年来画在笔记本上的涂鸦故事得以发表。
- 感恩奥利维尔，我的爱人，我的第一位支持者，本书中很多故事的灵感来源。感恩我的家人接纳我的特立独行，并一如既往地支持我。
- 感谢深思出版社的阿琳、阿尔伯特和多米尼克，你们的友善促成了我们的合作开花结果。
- 感谢家庭系统疗法及社交智能领域的师友们。

深深地感谢所有给予我灵感的人。

图字：01–2024–3714

Copyright @ Art-mella 2015 and 2018
First published in French by Pourpenser édition
Translation published with arrangement of Sophie Savary Agent littéraire (Montpellier, France) and Xiaofan Sun Molinier (Toulouse, France)

图书在版编目（CIP）数据

猫咪是猫咪，这已经让人感觉幸福 / (法) 爱美拉著绘 ; 孙小凡译 . -- 北京 : 东方出版社 , 2025. 3.
ISBN 978–7–5207–4108–8
Ⅰ . B821–49
中国国家版本馆 CIP 数据核字第 2024LE0442 号

猫咪是猫咪，这已经让人感觉幸福
MAOMI SHI MAOMI, ZHE YIJING RANG REN GANJUE XINGFU

作　　者：［法］爱美拉 / 著绘
译　　者：孙小凡
策　　划：鲁艳芳　万有清澄
出版监制：曹　曼
责任编辑：金　琪
装帧设计：林　林
出　　版：東方出版社
发　　行：人民东方出版传媒有限公司
地　　址：北京市东城区朝阳门内大街 166 号
邮政编码：100010
印　　刷：北京美图印务有限公司
版　　次：2025 年 3 月第 1 版
印　　次：2025 年 11 月北京第 2 次印刷
开　　本：880 毫米 ×1230 毫米　1/32
印　　张：5.5
字　　数：106 千字
书　　号：ISBN 978–7–5207–4108–8
定　　价：46.00 元
发行电话：（010）85924663　85924644　85924641

版权所有，违者必究
如有印装质量问题，我社负责调换，请拨打电话：（010）85924602